階層化意思決定法

例解AHP

―基礎と応用―

工学博士 加藤 豊 著

ミネルヴァ書房

まえがき

あいまいな状況下で，意思決定をしなければならない現実が多く存在する。また，合理的な意思決定への科学的アプローチは，社会システムが複雑になるにつれ，その必要性が増大している。このような社会状況のもとで,「定量的常識」を実感させる手法——AHP（Analytic Hierarchy Process，階層化意思決定法またはゲーム感覚意思決定法）——が 1970 年代に T. L. Saaty により開発された。AHP は様々な状況下での意思決定に広く適用可能で，統計学の TQC（全社的品質管理）と同様に社会に受け入れられうる頑強性のある手法で，すでに身近な問題に浸透している。

開発者の Saaty は，AHP を現実の問題に適用した人の主観的判断から作成した行列の主固有ベクトル，または各行の幾何平均を用いて必要な情報を求めることを提案した。しかし，多くの人にとって主固有ベクトルと幾何平均は親しみやすい手法でないので，本書では最大値を用いて AHP の手順を説明している。一方，AHP は適用した人の主観的判断が入るので，この結果を用いて組織のメンバーを説得するときに，AHP の客観性が問題になる。そこで本書では，AHP の理論構造の解説に多くの紙数をさくと同時に，身近な問題をとおしてわかりやすく説明する。AHP では，本書で解説していないまだ多くの手法がある。それらについては，参考文献のなかの書物などをとおして勉強してください。

AHP の現実の問題への適用例として，1996 年のペルー大使館事件が有名である。読者が本書の例題を自身にとって親しみある手法で解くことをとおして，AHP のエッセンスを十分理解され，多くの身近な現実問題に AHP を適用されることを望む。

佐藤修一先生（法政大学）には，原稿をていねいに読んでいただき，多くの貴重なコメントをいただいた。また文章中に出てくる知人からは，たくさんのことをご教示いただいた。さらに，本書の作成にあたり，ミネルヴァ書房の浅井久仁人氏には大変お世話になりました。ここに記して感謝の意を表します。

2013 年 7 月

著　者

目　次

第 1 章

AHP 概説

第 2 次世界大戦時におけるアメリカの軍事的作戦研究から派生した学問として，オペレーションズ・リサーチ（Operations Research，OR と略して呼ばれることが多い）がある。その後，OR は様々な社会システムを対象とし，合理的な意思決定の科学的方法を与える学問として発展した。OR の定義としては，下記の 2 つが有名である。

1. 定量的常識
2. OR は，そうしなければもっと悪い答が与えられるであろう問題に対して，悪い答を与える術である。

この OR の定義と歴史によれば，時間をかけて問題の新しい解析方法を開発することができる自然科学とは異なり，OR では新しい理論の展開を待つ余裕がない場合も多く，不完全であっても現実を可能な限り改善できる解ならば採用しなければならない。

OR の定義「定量的常識」を実感させる手法── AHP（Analytic Hierarchy Process，階層化意思決定法）──が，1970 年代に T. L. Saaty により開発された。AHP は，様々な状況下での意思決定に広く適用可能な手法で，統計学の TQC（全社的品質管理）と同様，広く社会に受け入れられうる頑強性のある手法である。

§ 1.1 AHP とは

今，m 種の車（これを $D_1, \cdots, D_m$ とする）から，どれを買うかを悩んでいる。車を特徴づける項目として n 種の評価項目（これを $C_1, \cdots, C_n$ とする）を選んだ。たとえば，この評価基準としては，安全性，値段，デザインなどである。「安全性」にだけ着目すれば D_1 車が最も優れていて，「デザイン」にだけ着目すれば D_2 車が優れている。それでは，どの車を選べばよいか。

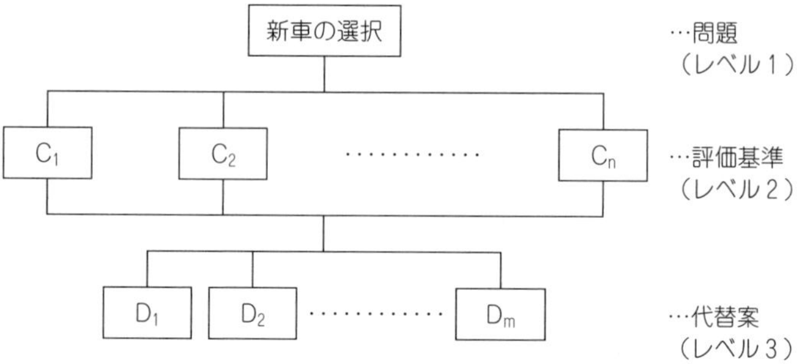

図 1-1 階層図

一般に，意思決定にはまず「問題」があり，そして選択の対象となるいくつかの「代替案（$D_1, \cdots, D_m$）」がある。代替案の中からどれを選択するかを判断するために「評価基準（$C_1, \cdots, C_n$）」があり，ある評価基準のもとでは，ある代替案がよく，別の評価基準でのもとでは，別の代替案がよいので，意思決定の問題が起こる。これを図で表現すると図 1-1 のようになる。これを階層的構造（階層図）といい，AHP ではこの構造が基本である。

さて，意思決定をする人の頭の中の評価基準の重要度が安全性に圧倒的であるならば，この人は D_1 車を選択し，デザインの重要度が圧倒的ならば D_2 車を選択する。それでは，この人のそれぞれの評価基準の重要度はどのくらいであろうか？　それを推定するために AHP では一対比較を行う。

表 1-1 一対比較値

一対比較値	意　　味
1	両方の項目が同じくらい重要
3	前の項目が後の項目より若干重要
5	前の項目が後の項目より重要
7	前の項目が後の項目よりかなり重要
9	前の項目が後の項目より絶対的に重要
2, 4, 6, 8	補間的に用いる
上記の数値の逆数	後の項目から前の項目を見た場合に用いる

評価項目の重要度推定のために，レベル 2 の評価項目について次のような「一対比較」を行う。この比較にその人の価値観が反映される。比較のために表 1-1 に示す数値を参考にする。

さて，n 種の評価項目の中から 2 つの項目 C_i と C_j を取り出し，一対比較を行う。その一対比較値を a_{ij} と書く。もし $a_{ij}=7$ であれば，項目 C_i は項目 C_j より「かなり重要」である。よって，項目 C_j と C_i の一対比較値は $a_{ji}=\frac{1}{7}$ となる。一対比較値が分数の場合には，表 1-1 のいちばん下の欄が対応し，後の項目 C_i が前の項目 C_j より「かなり重要」となる。すなわち

$$a_{ji} = \frac{1}{a_{ij}}$$

となる。この性質を逆数性という。この一対比較をすべての項目間で行い，それを行列表示したものを $A = (a_{ij})$ と書き，これを一対比較行列という。この一対比較行列から，次節で示す推定方法により，評価基準 $C_1, C_2, \cdots, C_n$ のウェイト・ベクトル $\boldsymbol{x}$ が求まる。第2章の例題では，評価基準は「安全性」「値段」「大きさ」と「デザイン」で，その一対比較行列は

$$(1) \cdots\cdots A = \begin{pmatrix} 1 & 5 & 1/3 & 3 \\ 1/5 & 1 & 1/5 & 1/3 \\ 3 & 5 & 1 & 7 \\ 1/3 & 3 & 1/7 & 1 \end{pmatrix}$$

である。§ **2.3** では，A の各行の最大値を用いて，各評価基準のウェイトを求めている。表2-5より，評価基準のウェイト・ベクトルは

$$(2) \cdots\cdots \boldsymbol{x} = \begin{pmatrix} 0.313 \\ 0.063 \\ 0.438 \\ 0.188 \end{pmatrix}$$

である。

つぎに，評価基準 C_j のもとで代替案 $(D_1, \cdots, D_m)$ 間の一対比較を行い，それを行列表示した一対比較行列を A_j とおく。この A_j から，次節で示す推定方法で求めたウェイト・ベクトルを $\boldsymbol{w}_j$ とおく。そして，$\boldsymbol{w}_j$ を列ベクトルとする行列を W とおくと，私たちが求めたい代替案のウェイト・ベクトル $\boldsymbol{y}$ は

$$(3) \cdots\cdots \boldsymbol{y} = W\boldsymbol{x}$$

で求まる。次章では，この $\boldsymbol{y}$ のことを総合得点とよんでいる。最大値を用いて行列 W を求めると，表2-6，表2-7，表2-8，表2-9より

$$W = \begin{pmatrix} 0.111 & 0.538 & 0.600 & 0.273 \\ 0.111 & 0.385 & 0.333 & 0.636 \\ 0.778 & 0.077 & 0.067 & 0.091 \end{pmatrix}$$

である。W の1列目は「安全性」に着目したときのF車，A車，P車の得点であり，2列目は「値段」に着目したときのF車，A車，P車の得点である。よって，この W に「安全性」「値段」「大きさ」と「デザイン」のウェイト・ベクトル $\boldsymbol{x}$ を掛ければ，F車，A車，P車の総合得点 $\boldsymbol{y}$ が求まる。ゆえに，(3) より代替案のウェイト・ベクトル $\boldsymbol{y}$ が求まるが，その計算は表2-11で与えられている。すなわち，

$$(4) \cdots\cdots \boldsymbol{y} = \begin{pmatrix} 0.383 \\ 0.325 \\ 0.295 \end{pmatrix}$$

であるので，F車が最も好ましい車である。§**5.1** では，幾何平均を用いて上述の $\boldsymbol{x}$，W と $\boldsymbol{y}$ を求めている。表5-1より

$$(5) \cdots\cdots \boldsymbol{x} = \begin{pmatrix} 0.265 \\ 0.060 \\ 0.566 \\ 0.108 \end{pmatrix}$$

であり，表5-2，表5-3，表5-4，表5-5より

$$W = \begin{pmatrix} 0.111 & 0.649 & 0.735 & 0.188 \\ 0.111 & 0.279 & 0.207 & 0.731 \\ 0.778 & 0.072 & 0.058 & 0.081 \end{pmatrix}$$

である。よって，(3) より代替案のウェイト・ベクトル $\boldsymbol{y}$ が求まり，それは表 5-6 より

$$\boldsymbol{y} = \begin{pmatrix} 0.504 \\ 0.242 \\ 0.252 \end{pmatrix}$$

である。これは，最大値を用いて求めた結果（4）と違いがあるので，AHP ではどの推定方法で一対比較行列から項目のウェイト・ベクトルを求めるかが重要な問題となる。

§ 1.2 ウェイトの推定方法

AHP で最も重要な問題は，一対比較行列 $A = (a_{ij})$ から各項目の重要度（ウェイト）をどう推定するかである。開発者の Saaty は，一対比較行列 A の主固有ベクトルをウェイトの推定量とすることを提案した。すなわち，A の最大固有値（主固有値）を $\lambda_{\max}$ とすると，

$$A\boldsymbol{h} = \lambda_{\max}\boldsymbol{h}$$

をみたす要素の和が 1 となるベクトル $\boldsymbol{h}$ をウェイトの推定量とする。ウェイトの推定量として主固有ベクトルを用いる理論的根拠については，AHP の固有値問題として第 4 章で解説する。

さて，前述の一対比較行列（1）の主固有ベクトル $\boldsymbol{h}$ は，付録 2 で数値計算ソフト「Mathematica」を用いて求めている。付録 2 より，主固有ベクトルは

$$h = \begin{pmatrix} 2.34453 \\ 0.570111 \\ 5.21601 \\ 1.00000 \end{pmatrix}$$

であり，この要素の和は9.130651である。ゆえに，$\boldsymbol{h}$の各要素をこの和で割れば，評価基準「安全性」「値段」「大きさ」「デザイン」のウェイト・ベクトル$\boldsymbol{x}$は，

$$(6) \cdots\cdots \boldsymbol{x} = \begin{pmatrix} 0.257 \\ 0.062 \\ 0.571 \\ 0.110 \end{pmatrix}$$

となる。これは最大値で求めた（2）より幾何平均を用いて求めた（5）の方に近い。ところで，幾何平均はウェイトの推定量としてどう認知されるのだろうか。

推定したい項目の重要度を$\boldsymbol{w} = (w_1, \cdots, w_n)^T$とすると，一般に一対比較値は

$$(7) \cdots\cdots a_{ij} = \frac{w_i}{w_j}\varepsilon_{ij}$$

と表現される。ε_{ij}は平均が1の正の確率変数である。Saaty-Vargas（1984）は，ε_{ij}が対数正規分布に従うのが自然と考えた。すなわち，

$$a_{ij} = \frac{w_i}{w_j}\exp(\delta_{ij})$$

で，δ_{ij}は平均0，分散σ^2の正規分布に従う確率変数である。Saaty-Vargasはこの状況下で最小2乗問題を作り，この問題の最適解が一対比較行列

の各行の幾何平均であることを示した。すなわち，一対比較行列の各行の幾何平均はウェイトの最小 2 乗推定量である。これについては第 5 章で詳しく解説する。

Kato - Ozawa（1999）は，ε_{ij} が Birnbaum - Saunders 分布に従うのも自然であると主張し，この主張の下で最小 2 乗問題を作成し，その最適解が一対比較行列の各行の調和平均であることを示した。すなわち，一対比較行列の各行の調和平均もウェイトの最小 2 乗推定量である。

一対比較行列（1）から，幾何平均または調和平均を用いて，各評価項目のウェイトを求める手順は，表 5 - 1 と表 5 - 7 で与えられている。一方，付録-2 では，ソフト「Excel」を用いて，行列（1）から各評価基準のウェイトを求める手順を解説している。

幾何平均，調和平均がウェイトの最小 2 乗推定量であることの自然な拡張として，一般平均も最小 2 乗推定量となるこを§ **5.3** で解説する。よって，一対比較行列の各行の最大値もウェイトの最小 2 乗推定量であるので，第 2 章で示す AHP の手順では，最大値を用いて実際の問題を解きながら，AHP を解説する。

さて，京都駅から清水寺に歩いていくときに，私たちがよく用いる距離は京都駅と清水寺を結ぶ直線の長さ，図 1 - 2 からその長さは $\sqrt{x^2+y^2}$ である。これを「ユークリッド・ノルム」という。しかし，これは旅行者が実際に歩く距離とはちがっている。

効果的に清水寺に行こうとすると矢印の方向に行くと思う。この距離は

$$x_1+y_1+x_2+y_2+x_3+y_3=x+y$$

で，一般にこの距離を「1-ノルム」とか「マンハッタン・ノルム」という。

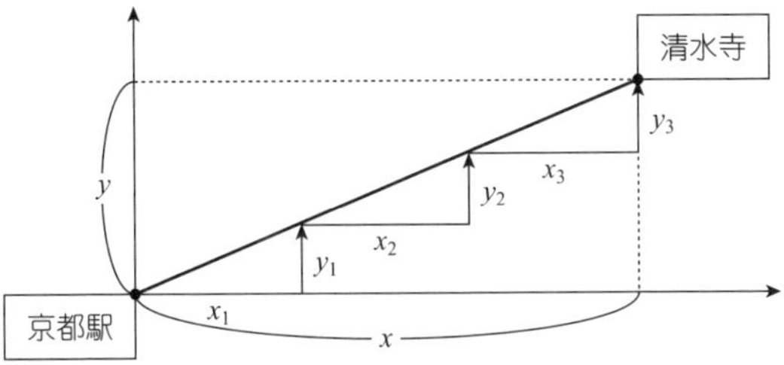

図 1-2 京都駅から清水寺へ

図 1-2 より $y < x$ であるので，京都駅から清水寺の距離を x と y の大きい方の x とすることもある。この距離を「最大ノルム」という。このように 2 点の違いを表現するのにいろいろな方法がある。この表現方法をいろいろ変えると，一対比較行列からの異なる重要度の推定方法が提案できる。AHP では，n 種の評価項目の重要度（ウェイト）を求めるとき，2 つの項目を取り出し一対比較を行い，一対比較行列 $A = (a_{ij})$ を作成する。(7) より，一対比較値は

$$a_{ij} = \frac{w_i}{w_j} \varepsilon_{ij}$$

と表現できるので，$B = (\varepsilon_{ij}) = (a_{ij} \frac{w_j}{w_i})$ を誤差行列と呼ぶ。この誤差行列の行和からなるベクトル

$$\boldsymbol{r}(\boldsymbol{w}) = \left(\sum_{j=1}^{n} a_{1j} \frac{w_j}{w_1}, \ldots, \sum_{j=1}^{n} a_{nj} \frac{w_j}{w_n} \right)$$

が項目のウェイト・ベクトル $\boldsymbol{w}$ を推定するときに重要である。ベクトル $\boldsymbol{r}(\boldsymbol{w})$ の最大ノルム下でのノルム最小化問題の最適解は，第 4 章で解説する一対比較行列 A の主固有ベクトルである。これは Saaty が主張した固有値法である。また，ベクトル $\boldsymbol{r}(\boldsymbol{w})$ のマンハッタン・ノルム下でのノルム最小化問題は，第 6 章で提案する Matrix Balancing Problem である。詳しくは，第 6 章で解説する。

第4章，第5章，第6章では一対比較行列から項目のウェイト・ベクトルを推定する方法を提案しているが，一対比較行列が整合性をみたしていると，どの方法でウェイトを推定してもすべて同じウェイトが求まる。一対比較行列の整合性については，第3章で解説する。

§1.3 AHPの発展型

n 種の評価項目間で一対比較を行うとき，一部の項目間に充分な情報がない場合には，その部分の一対比較値を欠落させた一対比較行列を作成し，この不完全な一対比較行列からウェイトを推定する。これを不完全情報のAHPといい，第8章で扱う。この分野では，Harker法が有名である。Harker法は，Saatyが主張した主固有ベクトルでウェイトを推定することを基礎にしているので，第4章のAHPの固有値問題を連係させるとHarker法の多くの変形が作成できる。さらに，第8章では一対比較行列 A が整合性をみたしていると，$\frac{1}{n}A$ がベキ等行列になる性質を用いて，新しい不完全情報のAHPも提案している。

AHPは人事の評価に用いられることが多い。しかし，AHPでは評価される側の意見が反映されないので，不公平感がある。そこで，評価される側の意見も取り入れることを可能にした手法を，1990年代にやはりSaatyが提案している。この手法をANP（Analytic Network Process）という。しかし，手法を「公平」にすると，この公平さを悪用する場合もありえる。そこで，第9章ではマルコフ連鎖のエルゴート定理を通して，ANPの構造的問題点を指摘する。さらに，現在までに提案された修正方法も紹介する。

第2章

AHPの手順——最大値を用いて

あいまいな状況のもとでの意思決定問題や人の主観判断にたよらざるを得ない評価問題に直面することが多々ある。AHPは，直観による質的情報から定量的な情報を導き出すのに一対比較を行う。第5章での解説から，一対比較行列の各行の最大値はウェイトの最小2乗推定量であるので，本章では，最大値を用いてAHPの手順を解説する。さらに最小値もウェイトの最小2乗推定量であるので，最小値を用いて結果を求め最大値による結果との比較を行う。

§2.1 階層化

良子さんは，どの車を買うかを悩んでいる。車の特徴は表2-1のとおりである。良子さんは，車を選ぶときの評価基準として，安全性・値段・車の大きさ（女性であるのでなるべく小さい車が良いと思っている）・デザインが重要であると考えている。表2-1より，F車は，値段と大きさで優れている。A車は，デザインが気に入っている車で，P車は安全性に優れているが，値段と大きさで他車より劣っている。さて，良子さんはどの車を選ぶだろうか。

表 **2-1**

種類	安全性		値　段	大きさ	デザイン	
	エアバッグ	4WD			カラーバリエーション	スタイル
F 車	ついている	なし	150 万円	ちょうどよい	好みの色なし	よい
A 車	ついている	なし	230 万円	やや大きい	好みの色あり	よい
P 車	ついている	フルタイム 4WD	320 万円	大きすぎる	好みの色なし	普　通

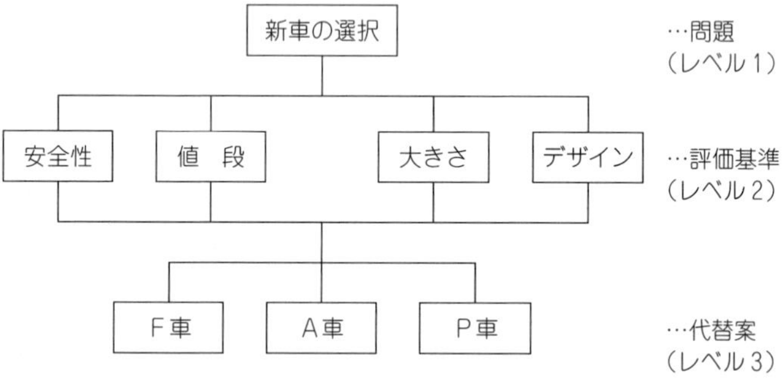

図 **2-1** 階層図

一般に，意思決定にはまず「問題」があり，その選択の対象となっているいくつかの「代替案」がある。代替案の中からどれを選択するかを判断するためのいくつかの「評価基準」がある。ある評価基準のもとではある代替案が優れていて，別の評価基準のもとでは別の代替案が優れているので，意思決定の問題が起こる。これを図で示すと図 2-1 のようになる。これを階層的構造（階層図）といい，AHP ではこの構造が基本となる。

もし，良子さんが「安全性」を他の項目よりきわめて重要であると考えれば，良子さんは P 車を選ぶ。また,「デザイン」が他の項目にくらべて圧倒的に重要であると考えれば A 車を選択するだろう。それでは，良子さんが考えている評価基準の重要度（ウェイト）はどのくらいであろうか。AHPでは，それを推定するために一対比較を行う。

§2.2 一対比較

階層図ができたら，レベル2の評価項目の重要度（ウェイト）を求めるために，各項目間で「一対比較」を行う。この一対比較値に良子さんの価値観が反映される。一対比較するときに表1-1を参考にする。

「安全性」と「値段」の一対比較で，安全性の高さのほうが値段の安さよりも重要であると考えたので，下表の「安全性」と「値段」の交点のマスに「5」を入れる。

表2-2

→	安全性	値　段	大きさ	デザイン
安全性		5		
値　段				
大きさ				
デザイン				

次に,「安全性」と「大きさ」では，良子さんは運転がうまくないので，車の大きさが小さい方が安全性の装備より若干重要に思うので,「安全性」と「大きさ」の交点のマスには「$\frac{1}{3}$」と記入する（これは，表1-1のいちばん下の欄に対応し，後の項目「大きさ」が，前の項目「安全性」より「若干重要」となる）。同様の考え方から,「大きさ」と「安全性」の交点のマスには「3」を記入する（表2-3を見よ）。

当然,「安全性」と「安全性」の交点には「1」が入り,「値段」と「安全性」の交点には「$\frac{1}{5}$」を記入する。これは,「安全性」と「値段」の交点

表 2-3

↱	安全性	値　段	大きさ	デザイン
安全性	1	5	1/3	
値　段	1/5			
大きさ	3			
デザイン				

に「5」を記入したので，表 1-1 のいちばん下の欄に対応し，対称な場所には逆数を記入すればよい。同様にして，すべての項目間ごとに一対比較を行った結果，下表を得た。これを評価項目間の一対比較行列といい，第 1 章の（1）で記号 A で表現している。

表 2-4

↱	安全性	値　段	大きさ	デザイン
安全性	1	5	1/3	3
値　段	1/5	1	1/5	1/3
大きさ	3	5	1	7
デザイン	1/3	3	1/7	1

§ 2.3　重要度（ウェイト）の決め方

今求めた一対比較行列から,「安全性」「値段」「大きさ」と「デザイン」の重要度（ウェイト）を各行の最大値を用いて推定しよう。

「安全性」「値段」「大きさ」と「デザイン」のウェイトをそれぞれ，w_1，w_2，w_3，w_4，とすると，ウェイトは下記の手順で求まる。ただし，$w_1 + w_2$

$+ w_3 + w_4 = 1$ とする。

Step 1　各行の最大値を求める。

Step 2　4 つの最大値の和を計算し，その和で各最大値を割ると，それぞれのウェイトが求まる。

表 2-5

⮣	安全性	値　段	大きさ	デザイン	最大値	ウェイト
安全性	1	5	1/3	3	5	$\frac{5}{16} = 0.313$
値　段	1/5	1	1/5	1/3	1	$\frac{1}{16} = 0.063$
大きさ	3	5	1	7	7	$\frac{7}{16} = 0.438$
デザイン	1/3	3	1/7	1	3	$\frac{3}{16} = 0.188$
					和 16	和 1.002

この結果，良子さんは「大きさ」に 44 %,「安全性」に 31 %,「デザイン」に 19 %，そして「値段」に 6 %の重要度をおいて車の選択をしていることになる。すなわち，小さい車を選びたいのだが，その一方で安全性も気になっている。そのことが選択を難しくしているので，AHP を用いて決断しようというのである。

§ 2.4　ウェイトの総合化

前節で，良子さんは「大きさ」に 44 %,「安全性」に 31 %,「デザイン」に 19 %，そして「値段」に 6 %の重要度をおいて車の選択をしていることを確認した。本節では，各評価基準ごとにどの車が優れているかの比較を行い，それらの結果を総合化して最終的に良子さんにとってどの車が好ましいかを判断しよう。はじめに,「安全性」にのみ着目して F 車，A

車，P車間の一対比較を行い，その一対比較行列の各行の最大値から，F車，A車，P車のウェイト（安全性の観点から見た各車の好ましさ）を求める。表2-1の各車の特徴を参考にして，一対比較を行う。F車とA車は同じくらい重要であるので，F車とA車の交点のマスには「1」を記入し，P車はF車にくらべてかなり重要であるので，P車とF車の交点のマスには「7」と記入し，F車とP車の交点のマスには「$\frac{1}{7}$」を記入する。その結果，表2-6を得る。

表2-6

安全性	F車	A車	P車	最大値	ウェイト
F車	1	1	1/7	1	$\frac{1}{9}=0.111$
A車	1	1	1/7	1	$\frac{1}{9}=0.111$
P車	7	7	1	7	$\frac{7}{9}=0.778$
				和 9	和 1.000

同様にして，表2-1を参考にして,「値段」「大きさ」「デザイン」について一対比較を行い，各車のウェイトを求めると，表2-7，表2-8，表2-9のようになる。

表2-7

値　段	F車	A車	P車	最大値	ウェイト
F車	1	3	7	7	$\frac{7}{13}=0.538$
A車	1/3	1	5	5	$\frac{5}{13}=0.385$
P車	1/7	1/5	1	1	$\frac{1}{13}=0.077$
				和 13	和 1.000

表2-7の「値段」に対する一対比較を見てみよう。F車は150万円でP車は320万円である。その比は約1対2であるからといってF車とP車の交点のマスは「2」を入れるのではなく，良子さんにとって，150万円が320万円に対してどの程度好ましいかという判断をマス目に記入するのである。良子さんは「7」と記入しているので，320万円より150万円の方が「かなり重要」と判断している。もし,「値段」にはほとんど関心のない人であれば（こういう人は評価項目に「値段」自体を入れないが），F車とP車の交点には「1」が代入するし，逆にどうしても安い車の方が好ましい人ならば,「9」を記入する。

表2-8

大きさ	F車	A車	P車	最大値	ウェイト
F車	1	5	9	9	$\frac{9}{15}=0.600$
A車	1/5	1	5	5	$\frac{5}{15}=0.333$
P車	1/9	1/5	1	1	$\frac{1}{15}=0.067$
				和 15	和 1.000

表2-9

デザイン	F車	A車	P車	最大値	ウェイト
F車	1	1/5	3	3	$\frac{3}{11}=0.273$
A車	5	1	7	7	$\frac{7}{11}=0.636$
P車	1/3	1/7	1	1	$\frac{1}{11}=0.091$
				和 11	和 1.000

各車の評価項目ごとのウェイトを表にまとめると，表2-10となる。

表 2-10

	安全性 0.313	値　段 0.063	大きさ 0.438	デザイン 0.188
F 車	0.111	0.538	0.600	0.273
A 車	0.111	0.385	0.333	0.636
P 車	0.778	0.077	0.067	0.091

各車の評価項目ごとのウェイトに，評価項目のウェイトを掛けて，その行の和を求めると，各車の総合得点が求まる。下表が第 1 章の（3）で与えた $\boldsymbol{y} = W\boldsymbol{x}$ の計算結果である。

表 2-11

	安全性 0.313	値　段 0.063	大きさ 0.438	デザイン 0.188	総合得点
F 車	0.111 × 0.313 0.035	0.538 × 0.063 0.034	0.600 × 0.438 0.263	0.273 × 0.188 0.051	0.383
A 車	0.111 × 0.313 0.035	0.385 × 0.063 0.024	0.333 × 0.438 0.146	0.636 × 0.188 0.120	0.325
P 車	0.778 × 0.313 0.244	0.077 × 0.063 0.005	0.067 × 0.438 0.029	0.091 × 0.188 0.017	0.295

表 2-11 より，F 車の総合ウェイトは 0.38 で，A 車と P 車の総合ウェイトは 0.33，0.30 であり，良子さんにとって最も好ましい車は F 車である。

§ 2.5　最小値を用いて

一対比較行列から，各項目の重要度（ウェイト）を推定する方法として，主固有ベクトル，幾何平均，調和平均など多く提案されている。本章では，その 1 つの最大値を用いて AHP の手順を示し，前節で最大値を用いて代替案の総合ウェイトを求めた。本節では，最小値を用いて総合ウェイトを求めてみよう。

まず，表2-4から，各行の最小値を用いて4つの評価基準の重要度を求めよう。

表2-12

→	安全性	値　段	大きさ	デザイン	最小値	ウェイト
安全性	1	5	1/3	3	1/3=0.333	$\frac{0.333}{1.676}=0.199$
値　段	1/5	1	1/5	1/3	1/5=0.200	$\frac{0.200}{1.676}=0.119$
大きさ	3	5	1	7	1=1.000	$\frac{1.000}{1.676}=0.597$
デザイン	1/3	3	1/7	1	1/7=0.143	$\frac{0.143}{1.676}=0.085$
					和 1.676	和 1.000

「安全性」「値段」「大きさ」と「デザイン」の重要度を最大値と最小値で求めた結果を表にする。

表2-13

重要度	最大値	最小値
安全性	0.313	0.199
値　段	0.063	0.119
大きさ	0.438	0.597
デザイン	0.188	0.085

表2-13からわかるように，「値段」と「デザイン」の順位が逆転していて，最も重要とされる項目「大きさ」の重要度が最大値で求めたときは44％であったのが，最小値を用いて求めると60％になっている。よって，どの方法で重要度を推定するかが重要な問題となる。

同様にして，各行の最小値を用いて各評価基準ごとに，各代替案の重要度を求めてみよう。

表 2-14

安全性	F 車	A 車	P 車	最小値	ウェイト
F 車	1	1	1/7	1/7=0.143	$\frac{0.143}{1.286}=0.111$
A 車	1	1	1/7	1/7=0.143	$\frac{0.143}{1.286}=0.111$
P 車	7	7	1	1=1.000	$\frac{1.000}{1.286}=0.778$
				和 1.286	和 1.000

表 2-15

値　段	F 車	A 車	P 車	最小値	ウエイト
F 車	1	3	7	1=1.000	$\frac{1.000}{1.476}=0.678$
A 車	1/3	1	5	1/3=0.333	$\frac{0.333}{1.476}=0.226$
P 車	1/7	1/5	1	1/7=0.143	$\frac{0.143}{1.476}=0.097$
				和 1.476	和 1.001

表 2-16

大きさ	F 車	A 車	P 車	最小値	ウエイト
F 車	1	5	9	1=1.000	$\frac{1.000}{1.311}=0.763$
A 車	1/5	1	5	1/5=0.200	$\frac{0.200}{1.311}=0.153$
P 車	1/9	1/5	1	1/9=0.111	$\frac{0.111}{1.311}=0.085$
				和 1.311	和 1.001

表 2-17

デザイン	F 車	A 車	P 車	最小値	ウエイト
F 車	1	1/5	3	1/5=0.200	$\frac{0.200}{1.343}=0.149$
A 車	5	1	7	1=1.000	$\frac{1.000}{1.343}=0.745$
P 車	1/3	1/7	1	1/7=0.143	$\frac{0.143}{1.343}=0.106$
				和 1.343	和 1.000

表2-6と表2-14より,「安全性」に着目したときのF車，A車，P車の重要度は，最大値を用いても最小値の場合でも同じウェイトである。それ以外の一対比較行列では，最大値と最小値の場合では，ウェイトが異なってくる。このことについては，次章で解説する。

表2-12から表2-17を用いて，各代替案の総合得点を計算すると，下表を得る。

表 2-18　総合得点（最小値）

	安全性 0.199	値　段 0.119	大きさ 0.597	デザイン 0.085	総合得点
F 車	0.111 × 0.199 0.022	0.678 × 0.119 0.081	0.763 × 0.597 0.456	0.149 × 0.085 0.013	0.572
A 車	0.111 × 0.199 0.022	0.226 × 0.119 0.027	0.153 × 0.597 0.091	0.745 × 0.085 0.063	0.203
P 車	0.778 × 0.199 0.155	0.097 × 0.119 0.012	0.085 × 0.597 0.051	0.106 × 0.085 0.009	0.227
					和 1.002

最大値と最小値を用いて求めた各代替案の総合得点と比較すると

表 2-19

総合得点	最大値	最小値
F 車	0.383	0.572
A 車	0.325	0.203
P 車	0.295	0.227

であり，2 位と 3 位で順位の逆転が発生している。もし良子さんが最小値を用いて解析をしていれば，自信をもって F 車を選択できるであろう。このように，用いる平均法のちがいによって結果が変動してくる。ゆえに，AHP を用いるとき，一対比較行列からどういう方法で重要度を推定するかが重要な問題となる。

§ 2.6　まとめ

今までの計算結果より，多くの一対比較行列の場合には，用いる推定方法のちがいによって各項目の重要度が異なってくる。ゆえに，用いる推定方法の理論的保証が必要になる。そこで，第 4 章では重要度の推定方法として固有ベクトルを用いる理論的根拠を平易に解説する。第 5 章では，現実に広く用いられている幾何平均，調和平均がウェイトの最小 2 乗推定量であることを示す。また，第 6 章では 2 点間の距離の測り方を用いて，AHP における Matrix Balancing Problem と第 4 章の固有値問題の関係を解説する。これらの議論より，一対比較行列からのウェイトの推定方法は，無数に存在することが保証され，実際にどの推定方法を用いればよいかが重要な問題となるが，この問題を考えるときには社会科学との接近が必要となる。参考のために，最大値，幾何平均，調和平均と最小値を用いて，F車，A車，P車の総合得点を求めた結果を下記に示しておく。

表2-20

総合得点	最大値	幾何平均	調和平均	最小値
F車	0.383	0.504	0.559	0.572
A車	0.325	0.242	0.210	0.203
P車	0.295	0.252	0.231	0.227

第 3 章

一対比較行列と整合性

AHP では，各項目の重要度（ウェイト）を求めるために，各項目間で一対比較を行う。第 2 章の表 2-4 は，評価項目「安全性」「値段」「大きさ」と「デザイン」の重要度を求めるために，項目間の一対比較を行い，それを行列表示したものである。

「安全性」と「値段」の一対比較値は「$a_{12} = 5$」で,「安全性」と「デザイン」の一対比較値は「$a_{14} = 3$」で，かつ「デザイン」と「値段」の一対比較値は「$a_{42} = 3$」である。これらを図に示したものが図 3-1 である。

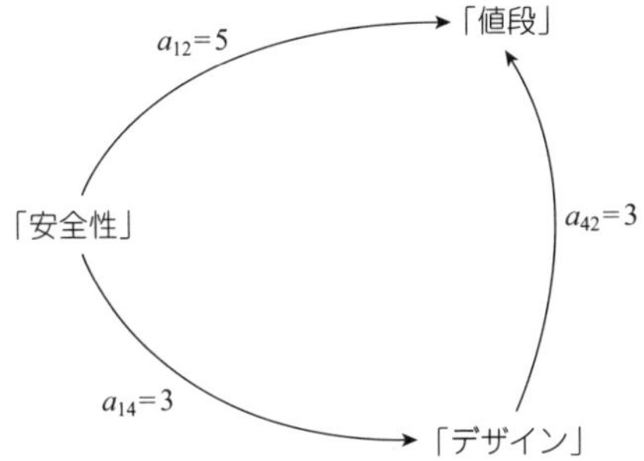

図 3-1

図からわかるように,「安全性」と「値段」の一対比較値は

$$a_{12} = 5$$

であるが,「安全性」と「値段」の一対比較値を項目「デザイン」を経由して求めると

$$a_{14}\,a_{42} = 3 \times 3 = 9$$

である。表2-4の一対比較行列から，4つの項目の重要度が求まるが，その結果に少し違和感をもつ人は必ず上述の

$$(1) \cdots\cdots 5 = a_{12} \neq a_{14}\,a_{42} = 3 \times 3 = 9$$

のことを指摘してくる。そこで，AHPの信頼性のために，このようなことが起こらないことが要求される。

§ 3.1 整合性とは

n 個の評価基準 $C_1, C_2, \cdots, C_n$ 間の一対比較を行い，それを行列表示したものを

$$A = (a_{ij}) = \begin{pmatrix} a_{11} & a_{12} & \cdots & \cdots & a_{1n} \\ a_{21} & \ddots & & & a_{2n} \\ \vdots & & \ddots & & \vdots \\ \vdots & & & \ddots & \vdots \\ a_{n1} & a_{n2} & \cdots & \cdots & a_{nn} \end{pmatrix}$$

とおく。AHPでは一般に，逆数性 $a_{ji} = \frac{1}{a_{ij}}$ を仮定しているので，一対比

較は $n(n-1)/2$ 回行うことになる。このとき，一対比較値の間に

$$(2)\cdots\cdots a_{ij} = a_{ik}a_{kj}$$

がすべての i, j, k について成立することが要求される。これを一対比較行列の整合性（consistency）という。

前述の（1）は，AHP を実行した人が一対比較を適当に行っているからではない。開発者の Saaty は，一対比較値として，1，3，5，7，9 とその逆数を用いることを提案している。それゆえ，AHP を実行した人の頭の中できちんと一対比較しても，1，3，5，7，9 とその逆数を用いてしか一対比較値を表現できないからである。たとえば，前述の（1）において

$$a_{12} = 5.29 \quad , a_{14} = 2.3 \quad , a_{42} = 2.3$$

とすれば，$2.3 \times 2.3 = 5.29$ であるので，

$$a_{12} = a_{14}\, a_{42}$$

が成立する。ゆえに，一対比較値として離散値を用いるかぎり，いつでも整合性が成立することは保証されない。

§ 3.2 整合性と重要度（ウェイト）

一対比較行列が，整合性（2）をみたしていると，

$$a_{2j} = a_{21}a_{1j} \quad , j = 1, \cdots, n$$

が成立している。すなわち，一対比較行列の 2 行は 1 行の定数倍である。また同様にして，

$$a_{3j} = a_{31}a_{1j} \quad , j = 1, \cdots, n$$

$$\vdots$$

$$a_{nj} = a_{n1}a_{1j} \quad , j = 1, \cdots, n$$

も成立するので，すべての行は 1 行の定数倍となる。それゆえ，A のすべての行はウェイトに関して同じ情報をもっているので，ウェイトを推定するためには，1 行目だけで充分である。すなわち，評価項目 $C_1, \cdots, C_n$ のウェイトを $w_1, \cdots, w_n$ とすると，

$$(3) \cdots\cdots \quad w_1 : w_2 : \cdots : w_n = 1 : \frac{1}{a_{12}} : \cdots : \frac{1}{a_{1n}}$$

の比例関係から求まる。よって，もし整合性がいつも成立しているならば，一対比較は $(n-1)$ 回だけ行い，(3) からウェイトが求まる。

第 2 章の表 2-6 の一対比較行列は，整合性をみたしているので，F 車，A 車および P 車のウェイトを w_1, w_2, w_3 とすると，$w_1 : w_2 : w_3 = 1 : 1 : 7$ の比例関係からウェイトが求まる。ウェイト・ベクトルは，要素の和が 1 と正規化されいるので，

$$(4) \cdots\cdots \boldsymbol{w} = \begin{pmatrix} w_1 \\ w_2 \\ w_3 \end{pmatrix} = \begin{pmatrix} 1/9 \\ 1/9 \\ 7/9 \end{pmatrix} = \begin{pmatrix} 0.111 \\ 0.111 \\ 0.778 \end{pmatrix}$$

となる。

第 2 章の 5 つの一対比較行列の中で，整合性をみたしているのは，「安全性」のもとで F 車，A 車，P 車を一対比較した一対比較行列のみである。すなわち，

$$A = \begin{pmatrix} 1 & 1 & 1/7 \\ 1 & 1 & 1/7 \\ 7 & 7 & 1 \end{pmatrix}$$

である。表 2-6 と表 2-14 で最大値と最小値を用いてウェイトを求めているが，いつでも（4）と同じウェイトになっている。すなわち，一対比較行列が整合性をみたしていれば，これから提案するどの推定方法でウェイトを求めても，すべて同じウェイトが求まる。

§ 3.3 整合度（Consistency Index）

Saaty は，一対比較を $n(n-1)/2$ 回行い，それを行列表示した一対比較行列の主固有ベクトルでウェイトを推定することを提案している。すなわち，Saaty は一対比較を実行するとき，(2) の整合性をみたしていることが望ましいが，多くの場合には整合性をみたすことは稀であると考えたのだと思える。しかし，整合性をみたさないのが普通であるとしたら，AHP 理論の信頼性が保証されない。

そこで，Saaty は整合性のずれを AHP としてどの程度まで許容するかを判断する不変量として，一対比較行列の整合度を提案している。この整合度については，多変量解析の寄与率（決定係数）と関連づけて，第 5 章で解説する。

第 4 章

AHP における固有値問題

AHP における最も重要な問題は，一対比較行列 A から各項目のウェイトをどう推定するかである。Saaty は一対比較値として，1, 2, …, 9 とその逆数を用いることを提案している。ゆえに，一対比較行列が整合性をみたしていることは稀なので，一対比較行列のクラスを

$$R_{M(n)} = \left\{ A = (a_{ij}) \,\middle|\, \begin{array}{l} 1)\ a_{ij} > 0 \\ 2)\ a_{ji} = \dfrac{1}{a_{ij}} \end{array} \right\}$$

とする。第 2 章で述べたように，性質 2）は逆数性であるので，一対比較行列を逆数正行列という人もいる。

Saaty は，一対比較行列 A の主固有ベクトルをウェイトの推定量とすることを提案した（Saaty の固有値法という）。すなわち，Saaty の固有値法は，A の最大固有値を $\lambda_{\max}$ とすると，

$$(1) \cdots\cdots \quad A\boldsymbol{h} = \lambda_{\max}\boldsymbol{h}$$

をみたす要素の和が 1 となるベクトル $\boldsymbol{h}$ をウェイトとする。この Saaty の固有値法の理論的意味づけは，Sekitani - Yamaki（1999）により与えられた。関谷・八巻は，非負行列に対するフロベニウスの定理から，「ばらつき最小化問題を解くことが Saaty の固有値法である」というエレガントな解釈を与えた。

第 2 章で与えた最初の一対比較行列は

$$A = \begin{pmatrix} 1 & 5 & 1/3 & 3 \\ 1/5 & 1 & 1/5 & 1/3 \\ 3 & 5 & 1 & 7 \\ 1/3 & 3 & 1/7 & 1 \end{pmatrix}$$

である。この行列を転置してみると，

$$A^T = \begin{pmatrix} 1 & 1/5 & 3 & 1/3 \\ 5 & 1 & 5 & 3 \\ 1/3 & 1/5 & 1 & 1/7 \\ 3 & 1/3 & 7 & 1 \end{pmatrix}$$

となる。転置した行列 A^T は，一対比較行列 A の要素を逆数にしたものになっている。よって，Saaty の固有値法が A の主固有ベクトル $\boldsymbol{h}$ でウェイトを推定するならば，転置した一対比較行列 A^T の主固有ベクトル $\boldsymbol{g}$ の要素の逆数でウェイトを推定することも可能と思われる。すなわち，

$$(2) \cdots\cdots \quad A^T\boldsymbol{g} = \lambda_{\max}\boldsymbol{g}$$

をみたすベクトル $\boldsymbol{g} = (g_1, \cdots, g_n)^T$ とし，$\boldsymbol{g}^{-1} = (1/g_1, \cdots, 1/g_n)^T$ とするとき，ウェイトを $\boldsymbol{g}^{-1}$ で推定する（これを左固有値法と呼ぶ）。Saaty の固有値法と左固有値法を与えるノルム最小化問題を次節で考えよう。

§ 4.1　固有値問題

一対比較行列 $A \in R_{M(n)}$ が整合性

$$(3) \cdots\cdots \quad a_{ij} = a_{ik}a_{kj} \quad \text{for all} \quad i, j, k$$

をみたしていると，項目のウェイト・ベクトルを $\boldsymbol{w} = (w_1, \cdots, w_n)^T$ とおくと，一対比較値は

$$(4) \cdots\cdots \quad a_{ij} = \frac{w_i}{w_j}$$

と表現される。前章で述べたように，整合性をみたせば，A の 1 行目を用いて，ウェイトは

$$w_1 : w_2 : \cdots : w_n = 1 : \frac{1}{a_{12}} : \cdots : \frac{1}{a_{1n}}$$

より求まる。よって，一対比較値の行列表示は不要となる。しかし，開発者の Saaty は，一対比較行列の主固有ベクトルでウェイトを推定することを提案している。すなわち，Saaty は一対比較行列が整合性をみたすことは稀であると考え，AHP の信頼性の保証のために，整合性のずれの度合いを表現する整合度も提案している。

一対比較行列が整合性をみたすのは稀であるので，一対比較値は

$$(5) \cdots\cdots \quad a_{ij} = \frac{w_i}{w_j}\varepsilon_{ij}$$

と表現することが自然である。ここで ε_{ij} は，整合性のずれを表現する平均が 1 の正の確率変数である。この誤差 ε_{ij} を行列表示した行列

$$(6) \cdots\cdots \quad B = (\varepsilon_{ij}) = \left(a_{ij}\frac{w_j}{w_i} \right)$$

を誤差行列と呼び，この行列のノルム最小化問題を考えよう。行列のノルムとして有名なものに従属ノルム（Dependent Norm）がある。いまベクトル・ノルムを，

$$\|\boldsymbol{x}\|_p = \left(\sum_{i=1}^{n} |x_i|^p \right)^{1/p} \quad , 1 \leqq p \leqq \infty$$

と表現する。このベクトル・ノルムで有名なものに

$$(7) \cdots\cdots \quad \|\boldsymbol{x}\|_1 = \sum_{i=1}^{n} |x_i| \qquad \text{（マンハッタン・ノルム）}$$

$$(8) \cdots\cdots \quad \|\boldsymbol{x}\|_2 = \left(\sum_{i=1}^{n} |x_i|^2 \right)^{1/2} \qquad \text{（ユークリッド・ノルム）}$$

$$(9) \cdots\cdots \quad \|\boldsymbol{x}\|_\infty = \max_i |x_i| \qquad \text{（最大ノルム）}$$

がある。従属ノルム $\|B\|_p$ は，ベクトル・ノルム $\|\boldsymbol{x}\|_p$ を用いて

$$(10) \cdots\cdots \quad \|B\|_p = \max_{x \neq 0} \frac{\|B\boldsymbol{x}\|_p}{\|\boldsymbol{x}\|_p} \quad ,1 \leqq p \leqq \infty$$

で与えられる。ベクトル $\boldsymbol{x} \neq 0$ を B で変換したベクトル $B\boldsymbol{x}$ のベクトルの長さが，$\boldsymbol{x}$ の長さの何倍になっているかの最大値が行列 B の従属ノルムである。

この従属ノルムのもとでの誤差行列 B のノルム最小化問題を考えよう。

問題〈**M**〉

$$(11) \cdots\cdots \quad \min_{\boldsymbol{w}>\boldsymbol{0}} \|B\|_p = \min_{\boldsymbol{w}>\boldsymbol{0}} \max_{\boldsymbol{x}\neq\boldsymbol{0}} \frac{\|B\boldsymbol{x}\|_p}{\|\boldsymbol{x}\|_p}$$

ここで，$\boldsymbol{w} = (w_1, \cdots, w_n)$ を対角要素にもつ対角行列を

$$W = \begin{pmatrix} w_1 & & 0 \\ & \ddots & \\ 0 & & w_n \end{pmatrix} = \mathrm{diag}\,(w_1, \cdots, w_n)$$

とおくと,

$$B = \left(a_{ij}\frac{w_j}{w_i}\right) = W^{-1}AW$$

と表現できるので,(11) は,

$$(12)\cdots\cdots\quad \min_{w>0}\|B\|_p = \min_{w>0}\max_{x\neq 0}\frac{\|W^{-1}AW\boldsymbol{x}\|_p}{\|\boldsymbol{x}\|_p}$$

と表現される。問題〈M〉の最適解は

$$(13)\cdots\cdots\quad \hat{w}_i = h_i^{1-\frac{1}{p}}\cdot\left(\frac{1}{g_i}\right)^{1/p} \quad ,i=1,\cdots,n$$

で与えられる（小沢-加藤（2002））。ここで，$\boldsymbol{h}=(h_1,\cdots,h_n)^T$，$\boldsymbol{g}=(g_1,\cdots,g_n)^T$ は

$$A\boldsymbol{h}=\lambda_{\max}\boldsymbol{h} \quad A^T\boldsymbol{g}=\lambda_{\max}\boldsymbol{g}$$

であり，$\boldsymbol{h}$ を A の主固有ベクトル，$\boldsymbol{g}$ を A の左主固有ベクトルという。(13) の証明は,［付録 1］で与える。

ベクトル・ノルム $\|\boldsymbol{x}\|_p$ の中で有名なものに最大ノルム $\|\boldsymbol{x}\|_\infty$，マンハッタン・ノルム $\|\boldsymbol{x}\|_1$，そしてユークリッド・ノルム $\|\boldsymbol{x}\|_2$ があるので，これに対応した固有値法を以下で考える。

§4.2　Saaty の固有値法

Saaty の固有値法は，一対比較行列 A の主固有ベクトル $\boldsymbol{h}$ でウェイトを推定することである。前節の問題〈M〉において，最大ノルム $\|\boldsymbol{x}\|_\infty$ に従属する行列ノルム $\|B\|_\infty$ を適用すると，ノルム最小化問題（11）の最適解は,(13) より

$$\hat{w}_i = h_i \quad ,i=1,\cdots,n$$

となる。すなわち，主固有ベクトルでウェイトを推定することを主張している。よって，Saatyの固有値法は，問題〈M〉において $p=\infty$ とした場合である。

Saatyの固有値法では，$\boldsymbol{w}=\boldsymbol{h}$ とおくので，

$$(14)\cdots\cdots\quad A\boldsymbol{w}=\lambda_{\max}\boldsymbol{w}$$

であり，一般論より $\boldsymbol{w}>\boldsymbol{0}$ は保証されている。(14) 式を要素で表現すると

$$\sum_{j=1}^{n} a_{ij}w_j=\lambda_{\max}w_i \quad ,i=1,\cdots,n$$

であるので，$w_i>0$ より

$$\lambda_{\max}=\sum_{j=1}^{n} a_{ij}\frac{w_j}{w_i} \quad ,i=1,\cdots,n$$

を得る。上式をすべて加えると

$$n\lambda_{\max}=\sum_{i=1}^{n}\sum_{j=1}^{n} a_{ij}\frac{w_j}{w_i}$$

となるが，$a_{ii}=1$ であるので，

$$n\lambda_{\max}=n+\sum_{i\neq j} a_{ij}\frac{w_j}{w_i}=n+\sum_{i<j}\left(a_{ij}\frac{w_j}{w_i}+a_{ji}\frac{w_i}{w_j}\right)$$

を得る。ここで逆数性 $a_{ji}=\frac{1}{a_{ij}}$ が成立しているので，

$$n\lambda_{\max}=n+\sum_{i<j}\left(\frac{a_{ij}w_j}{w_i}+\frac{w_i}{a_{ij}w_j}\right)$$

となるので，$x_{ij}=a_{ij}\frac{w_j}{w_i}$ とおくと，

$$n\lambda_{\max}=n+\sum_{i<j}\left(x_{ij}+\frac{1}{x_{ij}}\right)$$

となる。$x > 0$ のとき

$$x + \frac{1}{x} \geqq 2 \qquad (\text{等号成立は } x = 1)$$

が成立するので，

$$n\lambda_{\max} \geqq n + 2 \cdot \frac{n(n-1)}{2} = n^2 \qquad (\text{等号成立は } x_{ij} = 1)$$

を得るので，

$$(15) \cdots\cdots \quad \lambda_{\max} \geqq n \ (\text{等号成立は } a_{ij} = \frac{w_i}{w_j})$$

が成り立つ。(15) 式より

$$(16) \cdots\cdots \quad \lambda_{\max} = n \Longleftrightarrow a_{ij} = \frac{w_i}{w_j} \Longleftrightarrow A \text{ は整合性をみたす}$$

が成り立つ。ゆえに，Saaty は整合性のずれの度合いを表現する整合度 C. I.（Consistency Index）を

$$(17) \cdots\cdots \quad \text{C. I.} = \frac{\lambda_{\max} - n}{n - 1}$$

と表現している。

§ 4.3　左固有値法

問題〈M〉において，マンハッタン・ノルム $\|\boldsymbol{x}\|_1$ に従属する行列ノルム $\|B\|_1$ を適用すると，ノルム最小化問題（11）の最適解は，

$$\hat{w}_i = \frac{1}{g_i} \quad , i = 1, \cdots, n$$

となる。すなわち，左主固有ベクトル $\boldsymbol{g} = (g_1, \cdots, g_n)^T$

$$\boldsymbol{g}^T A = \lambda_{\max} \boldsymbol{g}^T$$

の要素の逆数でウェイトを推定することを主張している。これを左固有値法と呼ぶことにする。

本章の最初で解説したように，一対比較値 a_{ij} は逆数性 $a_{ji}=\frac{1}{a_{ij}}$ をみたしているので，一対比較行列 A を転置した A^T の要素は，A の対応する要素の逆数になっているので，Saaty の固有値法から左固有値法の結論は容易に想像できる。

§ 4.4　スペクトル固有値法

正方行列 C において，同次方程式

$$C\boldsymbol{x}=\lambda\boldsymbol{x}$$

が自明でない解 $\boldsymbol{x}\neq 0$ をもつとき，λ を C の固有値，$\boldsymbol{x}$ を λ に対する固有ベクトルという。行列 C の固有値の全体を

$$S_p(C)=\{\lambda \mid {}^{\exists}\boldsymbol{x}\neq\boldsymbol{0} : C\boldsymbol{x}=\lambda\boldsymbol{x}\}$$

と表現し，これを行列 C のスペクトルという。

問題〈M〉において，ユークリッド・ノルム $\|\boldsymbol{x}\|_2$ に従属する行列ノルム $\|B\|_2$ を適用すると，ノルム最小化問題（11）の最適解は

$$(18)\cdots\cdots\quad \hat{w}_i=\sqrt{\frac{h_i}{g_i}},\quad i=1,\cdots,n$$

となる。これは，Saaty の固有値法の解 $\hat{w}_i=h_i$ と左固有値法の解 $\hat{w}_i=\frac{1}{g_i}$ の幾何平均であるので，両方の中間の値となる。ところで，$\|B\|_2$ を計算すると

$$\|B\|_2=\max\{\sqrt{\lambda}\mid\lambda\in S_p(B^TB)\}$$

となるので，$\|B\|_2$ はスペクトル・ノルムと呼ばれている。ゆえに，(18) で与えられる固有値法をスペクトル固有値法と呼ぶことにする。

第5章

幾何平均と調和平均

Saaty は，AHP を提案したときには，一対比較行列の主固有ベクトルでウェイトを推定することを提案した。AHP における固有値問題については，前章で解説をした。固有ベクトルを求めるには，一般に「数値計算ソフト」が必要である。

一方，Saaty - Vargas（1984）はウェイトの推定量として，一対比較行列の各行の幾何平均（Geometric Mean）を提案した。データ $x_1, \cdots, x_n$ が与えられたとき（すべてのデータは正とする），幾何平均 G は

$$(1)\cdots\cdots G = \sqrt[n]{\prod_{i=1}^{n} x_i}$$

で与えられる。ここで，$\prod_{i=1}^{n} x_i = x_1 \times x_2 \times \cdots \times x_n$ である。

一対比較行列が整合性をみたしていると，一対比較行列 A は

$$A = \begin{pmatrix} \frac{w_1}{w_1} & \frac{w_1}{w_2} & \cdots & \frac{w_1}{w_n} \\ \vdots & \vdots & & \vdots \\ \frac{w_n}{w_1} & \frac{w_n}{w_2} & \cdots & \frac{w_n}{w_n} \end{pmatrix}$$

と表現できる。また，ウェイトは

$$w_1 + w_2 + \cdots + w_n = 1$$

をみたしているので，i 行目の要素の逆数の和を求めると

$$\frac{w_1 + w_2 + \cdots + w_n}{w_i} = \frac{1}{w_i}$$

となるので，上式の逆数を求めると w_i が求まる。

一方，データ $x_1, \cdots, x_n$ の調和平均（Harmonic Mean）は，

$$H = \left(\frac{1}{n} \sum_{i=1}^{n} x_i^{-1} \right)^{-1}$$

である。上述の計算を一対比較値 a_{ij} を用いて表現すると，A が整合性をみたしていれば，

$$w_i = \left(\sum_{j=1}^{n} a_{ij}^{-1} \right)^{-1}, i = 1, 2, \cdots, n$$

である。これはカッコの中に $\frac{1}{n}$ を入れておけば，A の i 行の調和平均となる。よって，各行の調和平均もウェイトの良い推定量であることが想像される。

本章では，幾何平均，調和平均を含む一般平均（General Mean）の AHP における役割を解説する。

§ 5.1 幾何平均とAHP

一般に，一対比較値は

$$(2) \cdots\cdots a_{ij} = \frac{w_i}{w_j} \varepsilon_{ij}$$

と表現される。ここで ε_{ij} は，平均 1 の正の確率変数である。Saaty-Vargas（1984）は，(2) の誤差を表す ε_{ij} が対数正規分布に従うのが自然であると

主張した。すなわち，

$$(3)\cdots\cdots a_{ij} = \frac{w_i}{w_j}\exp(\delta_{ij})$$

で，δ_{ij} は平均 0，分散 σ^2 の正規分布に従う独立な確率変数列で，さらに

$$\delta_{ii} = 0$$

$$\delta_{ji} = -\delta_{ij}$$

をみたしている。(3) の両辺の対数をとると（自然対数（*logarithmus naturalis*）は $\ln a$ と表現することが多いので），

$$(4)\cdots\cdots \ln a_{ij} = \ln\frac{w_i}{w_j} + \delta_{ij}$$

であり，誤差項 δ_{ij} は平均 0，分散 δ^2 の正規分布に従う独立な確率変数列である。よって，最小2乗法の観点から Saaty - Vargas は，下記の最小2乗問題を考えた。

問題〈G〉

$$\min \frac{1}{2n(n-1)}\sum_{i=1}^{n}\sum_{j=1}^{n}\left(\ln a_{ij} - \ln\frac{w_i}{w_j}\right)^2$$

$$\text{s.t.}\quad \prod_{i=1}^{n} w_i = 1\ , \boldsymbol{w} > \boldsymbol{0}$$

この問題の最適解は

$$(5)\cdots\cdots \hat{w}_i = \sqrt[n]{\prod_{j=1}^{n} a_{ij}}\quad , i = 1, 2, \cdots, n$$

で与えられる。すなわち，一対比較行列の各行の幾何平均は，ウェイトの最小 2 乗推定量である。統計学のガウス－マルコフの定理から，最小 2 乗推定量はある意味で最良の推定値を与えることが知られている。しかし，δ_{ij} が正規分布に従うことに疑問を感じる人も多いと思う。

Saaty - Vargas の最小 2 乗問題の最適解が（5）で与えられることをラグランジュの未定乗数法を用いて示そう。$\prod_{i=1}^{n} w_i = 1$ の両辺の対数をとると，

$$\sum_{i=1}^{n} \ln w_i = 0$$

であるので，ラグランジュ関数を

$$(6) \cdots\cdots g(\boldsymbol{w}) = \frac{1}{2}\sum_{i=1}^{n}\sum_{j=1}^{n}\left(\ln a_{ij} - \ln \frac{w_i}{w_j}\right)^2 + \mu\left(\sum_{i=1}^{n} \ln w_i - 0\right)$$

とおく（$\frac{1}{n(n-1)}$ は省略した）。問題〈G〉の最適解は，$g(\boldsymbol{w})$ の勾配ベクトル（gradient vector）$\nabla g(\boldsymbol{w})$

$$\nabla g(\boldsymbol{w}) = \begin{pmatrix} \dfrac{\partial g}{\partial w_1} \\ \vdots \\ \dfrac{\partial g}{\partial w_n} \end{pmatrix}$$

を用いて，

$$(7) \cdots\cdots \quad \nabla g(\boldsymbol{w}) = \boldsymbol{0}$$

をみたしている。よって，(7) の k 番目の式は

$$\frac{\partial g(\boldsymbol{w})}{\partial w_k} = \sum_{j=1}^{n}(\ln a_{kj} - \ln w_k + \ln w_j)\cdot\left(-\frac{1}{w_k}\right)$$

$$+\sum_{i=1}^{n}(\ln a_{ik}-\ln w_i+\ln w_k)\cdot\left(\frac{1}{w_k}\right)+\frac{\mu}{w_k}=0$$

である。上式を整理すると，制約条件 $\sum_{i=1}^{n}\ln w_i=0$ と逆数性より

$$\frac{1}{w_k}\left\{-\sum_{j=1}^{n}\ln a_{kj}+n\ln w_k-\sum_{j=1}^{n}\ln w_j+\sum_{i=1}^{n}\ln a_{ki}^{-1}-\sum_{i=1}^{n}\ln w_i\right.$$

$$\left.+n\ln w_k+\mu\right\}$$

$$=\frac{2}{w_k}\left\{-\sum_{j=1}^{n}\ln a_{kj}+n\ln w_k+\frac{\mu}{2}\right\}=0$$

を得る。ゆえに

$$\ln w_k=\frac{1}{n}\sum_{j=1}^{n}\ln a_{kj}-\frac{\mu}{2n}$$

であるが，ここで，

$$-\frac{\mu}{2n}=\ln C$$

とおくと，上式は

$$\ln w_k=\frac{1}{n}\ln\left(\prod_{j=1}^{n}a_{kj}\right)+\ln C=\ln C\left(\prod_{j=1}^{n}a_{kj}\right)^{1/n}$$

となる。ゆえに

$$w_k=C\left(\prod_{j=1}^{n}a_{kj}\right)^{1/n}$$

を得るが，定数 C は制約条件 $\prod_{i=1}^{n}w_i=1$ から $C=1$ となるので，(7) より

$$\hat{w}_k=\sqrt[n]{\prod_{j=1}^{n}a_{kj}}\quad ,k=1,2,3,\cdots,n$$

を得る。

つぎに，第2章の問題を幾何平均を用いて解いてみよう。まず「安全性」「値段」「大きさ」「デザイン」間の一対比較行列（表2-4）から幾何平均を用いてウェイトを求める。

表5-1

⮣	安全性	値 段	大きさ	デザイン	幾何平均	ウェイト
安全性	1	5	1/3	3	$\sqrt[4]{1\times5\times\frac{1}{3}\times3}=1.50$	$\frac{1.50}{5.65}=0.265$
値 段	1/5	1	1/5	1/3	$\sqrt[4]{\frac{1}{5}\times1\times\frac{1}{5}\times\frac{1}{3}}=0.34$	$\frac{0.34}{5.65}=0.060$
大きさ	3	5	1	7	$\sqrt[4]{3\times5\times1\times7}=3.20$	$\frac{3.20}{5.65}=0.566$
デザイン	1/3	3	1/7	1	$\sqrt[4]{\frac{1}{3}\times3\times\frac{1}{7}\times1}=0.61$	$\frac{0.61}{5.65}=0.108$
					和 5.65	

よって，良子さんは「大きさ」に57％,「安全性」に26％,「デザイン」に11％，さらに「値段」に6％の重要度をおいて車の選択をしていることになる。

つぎに，各評価基準のもとでの代替案間の一対比較を行い，幾何平均を用いてウェイトを求めよう。

表5-2

安全性	F車	A車	P車	幾何平均	ウェイト
F車	1	1	1/7	$\sqrt[3]{1\times1\times\frac{1}{7}}=0.523$	$\frac{0.523}{4.705}=0.111$
A車	1	1	1/7	$\sqrt[3]{1\times1\times\frac{1}{7}}=0.523$	$\frac{0.523}{4.705}=0.111$
P車	7	7	1	$\sqrt[3]{7\times7\times1}=3.659$	$\frac{3.659}{4.705}=0.778$
				和 4.705	

この一対比較行列は整合性をみたしているので，どの方法でウェイトを推定してもみな同じ値をとる。

表 5-3

値　段	F車	A車	P車	幾何平均	ウェイト
F車	1	3	7	$\sqrt[3]{1\times3\times7}=2.759$	$\frac{2.759}{4.251}=0.649$
A車	1/3	1	5	$\sqrt[3]{\frac{1}{3}\times1\times5}=1.186$	$\frac{1.186}{4.251}=0.279$
P車	1/7	1/5	1	$\sqrt[3]{\frac{1}{7}\times\frac{1}{5}\times1}=0.306$	$\frac{0.306}{4.251}=0.072$

和 4.251

表 5-4

大きさ	F車	A車	P車	幾何平均	ウェイト
F車	1	5	9	$\sqrt[3]{1\times5\times9}=3.557$	$\frac{3.557}{4.838}=0.735$
A車	1/5	1	5	$\sqrt[3]{\frac{1}{5}\times1\times5}=1.000$	$\frac{1.000}{4.838}=0.207$
P車	1/9	1/5	1	$\sqrt[3]{\frac{1}{9}\times\frac{1}{5}\times1}=0.281$	$\frac{0.281}{4.838}=0.058$

和 4.838

表 5-5

デザイン	F車	A車	P車	幾何平均	ウェイト
F車	1	1/5	3	$\sqrt[3]{1\times\frac{1}{5}\times3}=0.843$	$\frac{0.843}{4.476}=0.188$
A車	5	1	7	$\sqrt[3]{5\times1\times7}=3.271$	$\frac{3.271}{4.476}=0.731$
P車	1/3	1/7	1	$\sqrt[3]{\frac{1}{3}\times\frac{1}{7}\times1}=0.362$	$\frac{0.362}{4.476}=0.081$

和 4.476

以上から，F車，A車，P車の総合得点を求めると表5-6のようになる。

表 5-6

	安全性 0.265	値　段 0.060	大きさ 0.566	デザイン 0.108	総合得点
F 車	0.111 × 0.265 0.029	0.649 × 0.060 0.039	0.735 × 0.566 0.416	0.188 × 0.108 0.020	0.504
A 車	0.111 × 0.265 0.029	0.279 × 0.060 0.017	0.207 × 0.566 0.117	0.731 × 0.108 0.079	0.242
P 車	0.778 × 0.265 0.206	0.072 × 0.060 0.004	0.058 × 0.566 0.033	0.081 × 0.108 0.009	0.252

幾何平均で求めた総合得点は，表 2-19 と比較すると，最小値で求めた総合得点に近い。

§ 5.2 調和平均とAHP

一対比較行列 A が整合性をみたしていると，一対比較値は

$$(8)\cdots\cdots a_{ij} = \frac{w_i}{w_j}$$

と表現される。一対比較値は逆数性

$$a_{ji} = \frac{1}{a_{ij}}$$

をみたしているので，この関係を（8）式に加味すると

$$\sqrt{a_{ij}}\frac{1}{\sqrt{a_{ji}}} = \frac{w_i}{w_j}$$

となるので，A が整合性をみたしていると

$$(9)\cdots\cdots \sqrt{a_{ij}}\,w_j - \sqrt{a_{ji}}\,w_i = 0$$

が成り立つ。よって，一般には整合性をみたすことは稀であるので

$$(10)\cdots\cdots \sqrt{a_{ij}}\,w_j - \sqrt{a_{ji}}\,w_i = \delta_{ij}$$

と表現するのも自然である。ここで δ_{ij} は，平均 0，分散 σ^2 の正規分布に従う独立な確率変数列である。ゆえに，最小 2 乗法の観点から，つぎの最小 2 乗問題を考える（Kato - Ozawa（1999））。

問題〈**H**〉

$$\min \frac{1}{2n^2}\sum_i \sum_j \left(\sqrt{a_{ij}}\,w_j - \sqrt{a_{ji}}\,w_i\right)^2$$

$$\text{s.t.}\quad \frac{1}{n}\sum_{i=1}^{n} w_i = 1\,,\ \boldsymbol{w} > \boldsymbol{0}$$

この問題の最適解は

$$\hat{w}_i = \frac{H_i}{H}\qquad ,i = 1, 2, \cdots, n$$

$$H_i = \left(\frac{1}{n}\sum_{j=1}^{n} a_{ij}^{-1}\right)^{-1}$$

$$H = \frac{1}{n}\sum_{i=1}^{n} H_i$$

で与えられる（前節の問題〈G〉のときと同様に，ラグランジュの未定乗数法で与えられる。詳しくは，付録 3 を見よ）。よって，H_i は A の i 行の調和平均であるので，調和平均もウェイトの最小 2 乗推定量である。

前節では，一対比較値が

$$(3)\cdots\cdots a_{ij} = \frac{w_i}{w_j}\exp(\delta_{ij})$$

と表現されていると，幾何平均がウェイトの最小 2 乗推定量であることを示した。本節では，一対比較値が関係式

$$(10)\cdots\cdots \sqrt{a_{ij}}\,w_j - \sqrt{a_{ji}}\,w_i = \delta_{ij}$$

をみたせば，調和平均がウェイトの最小 2 乗推定量であることを示した。つぎに（10）式を（3）式と同じ表現に変形してみよう。まず，(10) 式の両辺を 2 乗すると，$a_{ij}\,a_{ji} = 1$ であるので

$$(\sqrt{a_{ij}}\,w_j)^2 - 2w_iw_j + (\sqrt{a_{ij}}\,w_j - \delta_{ij})^2 = \delta_{ij}^2$$

を得る。これを整理すると

$$(\sqrt{a_{ij}}\,w_j)^2 - \delta_{ij}(\sqrt{a_{ij}}\,w_j) - w_iw_j = 0$$

となるので

$$\sqrt{a_{ij}}\,w_j = \frac{\delta_{ij} + \sqrt{\delta_{ij}^2 + 4w_iw_j}}{2}$$

を得る。さらに，上式を整理すると

$$\sqrt{a_{ij}} = \sqrt{\frac{w_i}{w_j}}\left(\frac{\delta_{ij}}{2\sqrt{w_iw_j}} + \sqrt{1 + \left(\frac{\delta_{ij}}{2\sqrt{w_iw_j}}\right)^2}\right)$$

となる。ゆえに，(10) を

$$a_{ij} = \frac{w_i}{w_j}\varepsilon_{ij}$$

の形に表現すると

$$(11)\cdots\cdots a_{ij}=\frac{w_i}{w_j}\left(\frac{\delta_{ij}}{2\sqrt{w_iw_j}}+\sqrt{1+\left(\frac{\delta_{ij}}{2\sqrt{w_iw_j}}\right)^2}\right)^2$$

を得る。ここで，正規分布に従う δ_{ij} を用いて，

$$\varepsilon_{ij}=\left(\frac{\delta_{ij}}{2\sqrt{w_iw_j}}+\sqrt{1+\left(\frac{\delta_{ij}}{2\sqrt{w_iw_j}}\right)^2}\right)^2$$

と表現される分布を，Birnbaum - Saunders 分布という。すなわち，整合性のずれを表す ε_{ij} が対数正規分布に従うと，幾何平均がウェイトの最小 2 乗推定量で，ε_{ij} が Birnbaum - Saunders 分布に従うと調和平均がウェイトの最小 2 乗推定量となる。

最後に，第 2 章の例題を調和平均を用いて総合得点を求めてみよう。

表 5-7

↱	安全性	値段	大きさ	デザイン	調和平均	ウェイト
安全性	1	5	1/3	3	$\frac{4}{1+\frac{1}{5}+3+\frac{1}{3}}=0.882$	$\frac{0.882}{3.907}=0.226$
値　段	1/5	1	1/5	1/3	$\frac{4}{5+1+5+3}=0.286$	$\frac{0.286}{3.907}=0.073$
大きさ	3	5	1	7	$\frac{4}{\frac{1}{3}+\frac{1}{5}+1+\frac{1}{7}}=2.386$	$\frac{2.386}{3.907}=0.611$
デザイン	1/3	3	1/7	1	$\frac{4}{3+\frac{1}{3}+7+1}=0.353$	$\frac{0.353}{3.907}=0.090$
					和 3.907	

注意：調和平均の計算の仕方を以下に示す。

$$H=\left(\frac{1}{n}\sum_{i=1}^{n}x_i^{-1}\right)^{-1}=\frac{n}{\sum_{i=1}^{n}\frac{1}{x_i}}$$

表 5-8

安全性	F 車	A 車	P 車	調和平均	ウェイト
F 車	1	1	1/7	$\frac{3}{1+1+7}=0.333$	$\frac{0.333}{2.999}=0.111$
A 車	1	1	1/7	$\frac{3}{1+1+7}=0.333$	$\frac{0.333}{2.999}=0.111$
P 車	7	7	1	$\frac{3}{\frac{1}{7}+\frac{1}{7}+1}=2.333$	$\frac{2.333}{2.999}=0.778$

和 2.999

表 5-9

値　段	F 車	A 車	P 車	調和平均	ウェイト
F 車	1	3	7	$\frac{3}{1+\frac{1}{3}+\frac{1}{7}}=2.032$	$\frac{2.032}{2.977}=0.683$
A 車	1/3	1	5	$\frac{3}{3+1+\frac{1}{5}}=0.714$	$\frac{0.714}{2.977}=0.240$
P 車	1/7	1/5	1	$\frac{3}{7+5+1}=0.231$	$\frac{0.231}{2.977}=0.078$

和 2.977

表 5-10

大きさ	F 車	A 車	P 車	調和平均	ウェイト
F 車	1	5	9	$\frac{3}{1+\frac{1}{5}+\frac{1}{9}}=2.288$	$\frac{2.288}{2.972}=0.770$
A 車	1/5	1	5	$\frac{3}{5+1+\frac{1}{5}}=0.484$	$\frac{0.484}{2.972}=0.163$
P 車	1/9	1/5	1	$\frac{3}{9+5+1}=0.200$	$\frac{0.200}{2.972}=0.067$

和 2.972

表 5-11

デザイン	F 車	A 車	P 車	調和平均	ウェイト
F 車	1	1/5	3	$\frac{3}{1+5+\frac{1}{3}}=0.474$	$\frac{0.474}{2.981}=0.159$
A 車	5	1	7	$\frac{3}{\frac{1}{5}+1+\frac{1}{7}}=2.234$	$\frac{2.234}{2.981}=0.749$
P 車	1/3	1/7	1	$\frac{3}{3+7+1}=0.273$	$\frac{0.273}{2.981}=0.092$

和 2.981

表 5-7 から表 5-11 を用いて，各代替案の総合得点を求める。

表 5-12

	安全性 0.226	値　段 0.073	大きさ 0.611	デザイン 0.090	総合得点
F 車	0.111 × 0.226 0.025	0.683 × 0.073 0.050	0.770 × 0.611 0.470	0.159 × 0.090 0.014	0.559
A 車	0.111 × 0.226 0.025	0.240 × 0.073 0.018	0.163 × 0.611 0.100	0.749 × 0.090 0.067	0.210
P 車	0.778 × 0.226 0.176	0.078 × 0.073 0.006	0.067 × 0.611 0.041	0.092 × 0.090 0.008	0.231

最大値，最小値，幾何平均そして，調和平均で求めた総合得点を表にする。

表 5-13

総合得点	最 大 値	幾何平均	調和平均	最 小 値
F 車	0.383	0.504	0.559	0.572
A 車	0.325	0.242	0.210	0.203
P 車	0.295	0.252	0.231	0.227

§ 5.3 一般平均

幾何平均と調和平均がウェイトの最小 2 乗推定量であることを示したが，本節では一般平均について考えよう。データ，$x_1, x_2, \cdots, x_n$ が与えられたとき（これらはすべて正数とする），一般平均は

$$(12) \cdots\cdots M_r = \left(\frac{1}{n}\sum_{i=1}^{n} x_i^r\right)^{1/r}, r \neq 0$$

で与えられる。有名なものに，

$$M_{-\infty} = \lim_{r\to-\infty} M_r = \min_{1 \leqq i \leqq n} x_i \quad : \quad \text{最小値}$$

$$H = M_{-1} = \left(\frac{1}{n}\sum_{i=1}^{n} x_i^{-1}\right)^{-1} \quad : \quad \text{調和平均}$$

$$G = \lim_{r\to 0} M_r = \sqrt[n]{\prod_{i=1}^{n} x_i} \quad : \quad \text{幾何平均}$$

$$M_1 = \frac{1}{n}\sum_{i=1}^{n} x_i \quad : \quad \text{相加平均}$$

$$M_{\infty} = \lim_{r\to\infty} M_r = \max_{1 \leqq i \leqq n} x_i \quad : \quad \text{最大値}$$

がある。一対比較行列 A が，整合性をみたせば，一対比較値は

$$(13) \cdots\cdots \sqrt{a_{ij}}\, w_j - \sqrt{a_{ji}}\, w_i = 0$$

をみたす。一般に，整合性をみたすことは稀であるので，平均 0，分散 σ^2 の正規分布に従う確率変数 δ_{ij} を用いて，

$$(14) \cdots\cdots \sqrt{a_{ij}}\, w_j - \sqrt{a_{ji}}\, w_i = \delta_{ij}$$

と表現できる。(14) の表現のもとで，最小2乗問題（問題〈H〉）の最適解は，各行の調和平均であることを§ **5.2** で示した。

調和平均は一般平均 M_r において $r=-1$ のときであるので，(13) を $-r$ 乗すると，A が整合性をみたしていると，

$$(15)\cdots\cdots(\sqrt{a_{ij}}\,w_j)^{-r}-(\sqrt{a_{ji}}\,w_i)^{-r}=0$$

を得る。ゆえに，整合性のずれを

$$(16)\cdots\cdots(\sqrt{a_{ij}}\,w_j)^{-r}-(\sqrt{a_{ji}}\,w_i)^{-r}=\delta_{ij}$$

と表現するのも自然である。よって，下記の最小2乗問題を考える。

問題〈$\mathbf{M_r}$〉

$$\min \frac{1}{2n^2r^2}\sum_{i=1}^{n}\sum_{j=1}^{n}((\sqrt{a_{ij}}\,w_j)^{-r}-(\sqrt{a_{ji}}\,w_i)^{-r})^2$$

$$\text{s.t.}\quad \left(\frac{1}{n}\sum_{i=1}^{n}w_i^{-r}\right)^{-1/r}=1 \quad ,\boldsymbol{w}>\mathbf{0}$$

注意：問題〈M_r〉において，$r=-1$ とすると，この問題は問題〈H〉となり，また $r\to 0$ とすると，問題〈M_r〉は Saaty - Vargas の問題〈G〉となる。

一対比較行列 A の i 行目の一般平均を $A_{r\cdot i}$ とする。すなわち，

$$A_{r\cdot i}=\left(\frac{1}{n}\sum_{j=1}^{n}a_{ij}^{r}\right)^{1/r}$$

$$A_r=\left(\frac{1}{n}\sum_{i=1}^{n}A_{r\cdot i}^{-r}\right)^{-1/r}$$

とすると，問題〈$\mathrm{M_r}$〉の最適解は，

$$(17) \cdots\cdots \hat{w}_i = \frac{A_{r\cdot i}}{A_r} \quad ,i = 1,2,\cdots,n$$

で与えられる（詳しくは付録 5 を見よ）。ゆえに，一般平均もウェイトの最小 2 乗推定量である。よって，第 2 章で用いた，最大値と最小値もウェイトの最小 2 乗推定量と考えてよい。

§ 5.4 整合度

一対比較行列 $A = (a_{ij})$ は，すべての i，j に対して

1）$a_{ij} > 0$

2）$a_{ji} = \dfrac{1}{a_{ij}}$

をみたす行列である。さらにすべての i，j，k に対して

3）$a_{ij} = a_{ik}a_{kj}$

をみたすとき，一対比較行列は整合性をみたしているという。一般に，一対比較値は離散値をとるので（Saaty は，$1, 2, \cdots, 8, 9$ とその逆数で一対比較値を与えることを提案している），整合性 3）をみたすことは稀である。そこで，Saaty は整合性のずれをどの程度まで許容するかを判断する量として，整合度（Consistency Index，略して C.I. と書く）を提案した。

一対比較行列 A の最大固有値を $\lambda_{\max}$，主固有ベクトルを $\boldsymbol{w} = (w_1, w_2, \cdots, w_n)^T$ とする。すなわち，

$$A\boldsymbol{w} = \lambda_{\max}\boldsymbol{w}$$

である。すると，§ **4.2** で示したように，

$$\lambda_{\max} \geqq n$$

であり，かつ $\lambda_{\max} = n$ であるための必要十分条件は

$$a_{ij} = \frac{w_i}{w_j}$$

である。さらに，上式が成立することが，A が整合性をみたすための必要十分条件である。よって，Saaty は整合度を

$$(18) \cdots\cdots \text{C. I.} = \frac{\lambda_{\max} - n}{n-1}$$

で与えた。しかし，一般に最大固有値を求めるのは大変であるので，最大固有値の推定量 $\hat{\lambda}_{\max}$ を

$$\hat{\lambda}_{\max} = \frac{1}{n}\sum_{i=1}^{n}\sum_{j=1}^{n}\frac{a_{ij}\hat{w}_j}{\hat{w}_i}$$

で求めることも提案している。ここで，$\hat{\boldsymbol{w}} = (\hat{w}_1, \cdots, \hat{w}_n)^T$ は一対比較行列から幾何平均を用いて求めたウェイト・ベクトルである。すなわち，

$$\hat{w}_i = \sqrt[n]{\prod_{j=1}^{n} a_{ij}} \quad , i = 1, \cdots, n$$

である。そして，Saaty は経験則から

$$(19) \cdots\cdots \text{C. I.} = \frac{\hat{\lambda}_{\max} - n}{n-1} \leqq 0.1$$

まで整合性のずれを許容することを提案している。多変量解析の観点から，C. I. $\leqq 0.15$ まで整合性のずれを許容してもよいという提案もある。この整合度，

$$f_s(\hat{\boldsymbol{w}}) = \frac{\hat{\lambda}_{\max} - n}{n-1}$$

$$\hat{\lambda}_{\max} = \frac{1}{n}\sum_i \sum_j \frac{a_{ij}\hat{w}_j}{\hat{w}_i}$$

を Saaty の整合度関数と呼ぶ。一方，幾何平均は一対比較値が

$$(20)\cdots\cdots a_{ij} = \frac{w_i}{w_j}\exp(\delta_{ij})$$

δ_{ij} は独立に平均 0，分散 σ^2 の正規分布に従う

と表現されたときの最小 2 乗問題（問題〈G〉）の最適解であるので，問題〈G〉の残差平方和を整合度とするのが自然である。すなわち，残差平方和

$$g(\hat{\boldsymbol{w}}) = \frac{1}{2n(n-1)}\sum_{i=1}^{n}\sum_{j=1}^{n}\left(\ln a_{ij} - \ln\frac{\hat{w}_i}{\hat{w}_j}\right)^2$$

で整合度を定義する。しかし,（20）のもとで，$f_s(\hat{\boldsymbol{w}})$ と $g(\hat{\boldsymbol{w}})$ の期待値を計算すると

$$E\{f_s(\hat{\boldsymbol{w}})\} = \exp\left(\frac{n-2}{n}\cdot\frac{\sigma^2}{2}\right) - 1$$

$$E\{g(\hat{\boldsymbol{w}})\} = \frac{n-2}{n}\cdot\frac{\sigma^2}{2}$$

が成立しているので，$f_s(\hat{\boldsymbol{w}})$ も自然な定義である。一方，Saaty の整合度関数を変形すると

$$\text{C. I.} = f_s(\hat{\boldsymbol{w}}) = \frac{1}{2n(n-1)}\sum_{i=1}^{n}\sum_{j=1}^{n}\frac{1}{\hat{w}_i\hat{w}_j}(\sqrt{a_{ij}}\,\hat{w}_j - \sqrt{a_{ji}}\,\hat{w}_i)^2$$

を得る。Saaty の整合度関数 $f_s(\hat{\boldsymbol{w}})$ の問題点は，小さいウェイトをもつ項目が含まれていると，整合性のずれ $(\sqrt{a_{ij}}\,\hat{w}_j - \sqrt{a_{ji}}\,\hat{w}_j)$ が小さくても，この整合度 C. I. は大きくなり，あたかも整合性がわるいように見えることである。

整合性のずれ($\sqrt{a_{ij}}\, w_j - \sqrt{a_{ji}}\, w_i$)の2乗和を最小にする問題は，§ **5.2** で与えた問題〈H〉であり，この問題の最適解は一対比較行列の各行の調和平均である。

調和平均でウェイトを求めるときには，問題〈H〉の残差平方和で整合度を考えるのが自然である。すなわち，新しい整合度を

$$\text{C.I.H.} = h(\hat{\boldsymbol{w}}) = \frac{1}{2n^2}\sum_{i=1}^{n}\sum_{j=1}^{n}(\sqrt{a_{ij}}\,\hat{w}_j - \sqrt{a_{ji}}\,\hat{w}_i)^2$$

で提案する。ここで，

$$\begin{aligned}\hat{w}_i &= \frac{H_i}{H} \quad ,i = 1, 2, \cdots, n\\ H_i &= \left(\frac{1}{n}\sum_{j=1}^{n} a_{ij}^{-1}\right)^{-1}\\ H &= \frac{1}{n}\sum_{i=1}^{n} H_i\end{aligned}$$

である。問題〈H〉から，C.I.H. を具体的に計算すると，

$$\begin{aligned}(21)\cdots\cdots\text{C.I.H.} &= h(\hat{\boldsymbol{w}}) = \frac{1}{H} - 1\\ &= \frac{n}{\sum_{i=1}^{n} H_i} - 1\\ &= \frac{\text{項目数}}{\text{各行の調和平均の和}} - 1\end{aligned}$$

である（詳しくは付録4を見よ)。ある条件のもとで,

$$E\{h(\hat{\boldsymbol{w}})\} = \frac{n-2}{n}E\{f_s(\hat{\boldsymbol{w}})\}$$

と予想されるので，Saaty の

$$\text{C.I.} = \frac{\hat{\lambda}_{\max} - n}{n-1} \leqq 0.1$$

に対応する関係は（Saatyは，一対比較するとき項目数は7個以下が望ましいといっている），

$$(22)\cdots\cdots \mathrm{C.I.H.} \leqq 0.07 \quad （詳しくは \mathrm{C.I.H.} \leqq \frac{5}{7} \times 0.1 = 0.07）$$

となる。

実際に，表5-4の一対比較行列

$$A = \begin{pmatrix} 1 & 5 & 9 \\ 1/5 & 1 & 5 \\ 1/9 & 1/5 & 1 \end{pmatrix}$$

の整合度 C.I. $= f_s(\hat{\boldsymbol{w}})$ と整合度 C.I.H. を計算してみよう。

表5-4より，幾何平均で求めたウェイトベクトルは，$\hat{\boldsymbol{w}} = (0.735, 0.207, 0.058)^T$ である。よって，

$$\hat{\lambda}_{\max} = \frac{1}{n} \sum_{i=1}^{n} \sum_{j=1}^{n} \frac{a_{ij}\,\hat{w}_j}{\hat{w}_i}$$

を求めよう。これは，表5-14で実行されている。表5-14より，$\hat{\lambda}_{\max} = 3.117$ であるので，Saatyの整合度は

$$\mathrm{C.I} = \frac{3.117 - 3}{3 - 1} = 0.0585 \qquad (\leqq 0.1)$$

である。

表 5-14

大きさ	F 車 0.735	A 車 0.207	P 車 0.058				ヨコの 合計	$\frac{\text{ヨコの合計}}{\text{ウェイト}}$
F 車	1	5	9	0.735	1.035	0.522	2.292	$\frac{2.292}{0.735}=3.118$
A 車	1/5	1	5	0.147	0.207	0.290	0.644	$\frac{0.644}{0.207}=3.111$
P 車	1/9	1/5	1	0.082	0.041	0.058	0.181	$\frac{0.181}{0.058}=3.121$

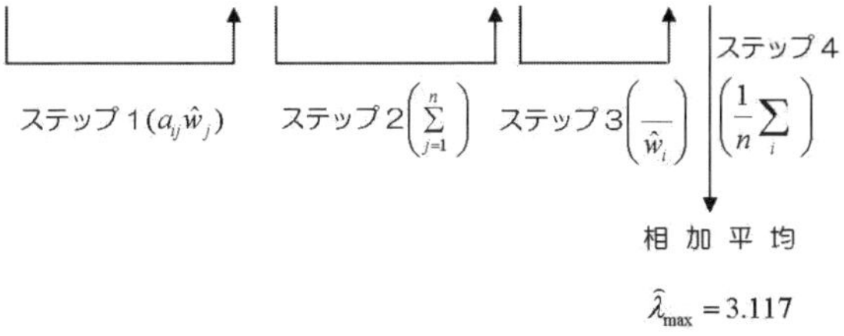

表5-10より，調和平均で求めたウェイト・ベクトルは $\hat{\boldsymbol{w}}=(0.770, 0.163, 0.067)^T$ であり，整合度 C. I. H. は各行の調和平均の和が 2.972 であるので，

$$\text{C. I. H.}=\frac{3}{2.972}-1=0.0009 \qquad (\leqq 0.07)$$

となる。

C. I. H. の計算は，Saaty の整合度 C. I. の計算より簡単で，式の構造からすると C. I. H. の方が整合度をすなおに表現している。

表 5-14 の「$\frac{\text{ヨコの合計}}{\text{ウェイト}}$」の欄の値は，項目数が3つの場合には，全て同じ値になるので，その値が一対比較行列 A の最大固有値であり，幾何平均で求めたウェイト・ベクトル $\hat{\boldsymbol{w}}$ が A の主固有ベクトルとなる。これを「Excel」で確認しよう。表 5-14 のステップ1とステップ2で $A\hat{\boldsymbol{w}}$ を求めているので，Excel では,「MMULT」でこれを実行してくれる。すなわち

$$A\hat{w} = \begin{pmatrix} 2.292 \\ 0.644 \\ 0.181 \end{pmatrix}$$

であるので，$A\hat{w}$ の各要素を $\hat{w}$ の対応する要素で割ると（これがステップ3である）「$\frac{\text{ヨコの合計}}{\text{ウェイト}}$」は

$$\begin{pmatrix} 3.117 \\ 3.117 \\ 3.117 \end{pmatrix}$$

となる。

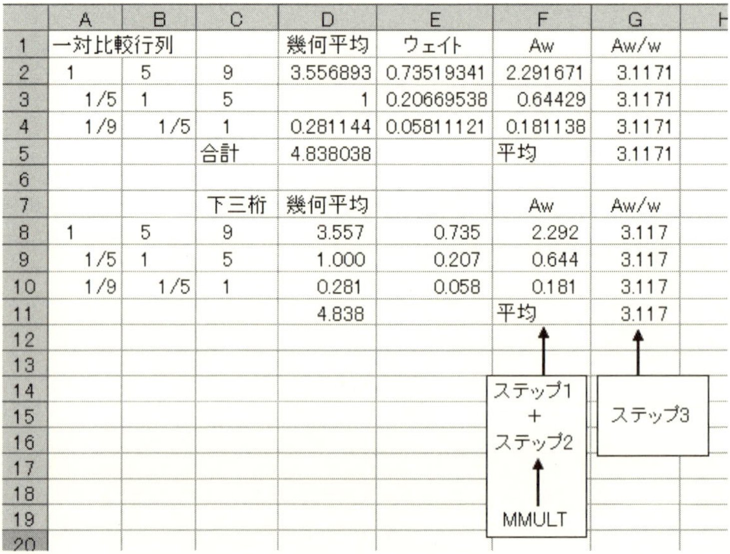

	A	B	C	D	E	F	G	H
1	一対比較行列			幾何平均	ウェイト	Aw	Aw/w	
2	1	5	9	3.556893	0.73519341	2.291671	3.1171	
3	1/5	1	5	1	0.20669538	0.64429	3.1171	
4	1/9	1/5	1	0.281144	0.05811121	0.181138	3.1171	
5			合計	4.838038		平均	3.1171	
6								
7			下三桁	幾何平均		Aw	Aw/w	
8	1	5	9	3.557	0.735	2.292	3.117	
9	1/5	1	5	1.000	0.207	0.644	3.117	
10	1/9	1/5	1	0.281	0.058	0.181	3.117	
11				4.838		平均	3.117	
12								
13								
14						ステップ1	ステップ3	
15						+		
16						ステップ2		
17								
18								
19						MMULT		
20								

第 6 章

Matrix Balancing Problem と AHP

一般に，一対比較値は

$$a_{ij} = \frac{w_i}{w_j}\varepsilon_{ij}$$

と表現される。ここで，ε_{ij} は整合性のずれを表現する平均が 1 の正の確率変数である。一対比較行列 $A = (a_{ij})$ が与えられたとき，

$$B = (\varepsilon_{ij}) = \left(a_{ij}\frac{w_j}{w_i}\right)$$

を誤差行列と呼ぶ。§ **4.1** では，従属ノルムのもとでの誤差行列のノルム最小化問題（問題〈M〉）を考えた。ベクトル・ノルムを

$$\|\boldsymbol{x}\|_p = \left(\sum_{i=1}^{n} |x_i|^p\right)^{1/p} \quad ,1 \leqq p \leqq \infty$$

とすると，従属ノルムは

$$\|B\|_p = \max_{\boldsymbol{x} \neq \boldsymbol{0}} \frac{\|B\boldsymbol{x}\|_p}{\|\boldsymbol{x}\|_p} \quad ,1 \leqq p \leqq \infty$$

であるので，従属ノルムのもとでのノルム最小化問題は，

問題〈M〉

$$(1) \cdots\cdots \min_{\boldsymbol{w}>\boldsymbol{0}} \|B\|_p = \min_{\boldsymbol{w}>\boldsymbol{0}} \max_{\boldsymbol{x} \neq \boldsymbol{0}} \frac{\|B\boldsymbol{x}\|_p}{\|\boldsymbol{x}\|_p}$$

であり，この問題の最適解は

$$(2)\cdots\cdots \hat{w}_i = h_i^{1-1/p}\left(\frac{1}{g_i}\right)^{1/p}, 1 \leqq i \leqq n$$

$$A\boldsymbol{h} \ = \lambda_{\max}\boldsymbol{h}$$

$$A^T\boldsymbol{g} = \lambda_{\max}\boldsymbol{g}$$

で与えられる。

行列ノルムとして有名なものに，§ **4.1** で用いた従属ノルムとフロベニウス・ノルムがある。フロベニウス・ノルムは，行列 $C = (c_{ij})$ に対して

$$\|C\|_F = \left(\sum_{i=1}^{n}\sum_{j=1}^{n} c_{ij}^2\right)^{1/2}$$

であるが，より一般に

$$\|C\|_r = \left(\sum_{i=1}^{n}\sum_{j=1}^{n} |c_{ij}|^r\right)^{1/r} \quad 1 \leqq r \leqq \infty$$

をフロベニウス・ノルムと呼ぶことにする。

本章では，$r = 1$ のフロベニウス・ノルムのもとでの誤差行列 B のノルム最小化問題を考える。すなわち，

$$f(\boldsymbol{w}) = \sum_{i=1}^{n}\sum_{j=1}^{n} a_{ij}\frac{w_j}{w_i}$$

としたとき，

問題〈**F**〉

$$(3)\cdots\cdots \min_{\boldsymbol{w}>\boldsymbol{0}} f(\boldsymbol{w}) = \min_{\boldsymbol{w}>\boldsymbol{0}} \sum_{i=1}^{n}\sum_{j=1}^{n} a_{ij}\frac{w_j}{w_i}$$

を考える。

問題〈F〉の最適解を求める前に，少し準備が必要である。要素がすべて正の正方行列 $A = (a_{ij})$ が，すべての i に対して

$$(4) \cdots\cdots \sum_{k=1}^{n} a_{ik} = \sum_{k=1}^{n} a_{ki}$$

をみたすとき，A は sum-symmetry という。Matrix Balancing Problem（M. B. P. と略記）とは，誤差行列 $B = (a_{ij} \frac{w_j}{w_i})$ が sum-symmetry となる正ベクトル $\boldsymbol{w}$ をさがす問題である。

誤差行列 $B = (a_{ij} \frac{w_j}{w_i})$ の行和を要素とするベクトル $\boldsymbol{r}(\boldsymbol{w})$ と，列和を要素とするベクトル $\boldsymbol{c}(\boldsymbol{w})$ を考える。すなわち，

$$\boldsymbol{r}(\boldsymbol{w}) = \left(\sum_{j=1}^{n} a_{1j} \frac{w_j}{w_1}, \cdots, \sum_{j=1}^{n} a_{nj} \frac{w_j}{w_n} \right)$$

$$\boldsymbol{c}(\boldsymbol{w}) = \left(\sum_{i=1}^{n} a_{i1} \frac{w_1}{w_i}, \cdots, \sum_{i=1}^{n} a_{in} \frac{w_n}{w_i} \right)$$

である。すると Matrix Balancing Problem は，

$$(5) \cdots\cdots \boldsymbol{r}(\boldsymbol{w}) = \boldsymbol{c}(\boldsymbol{w})$$

をみたす正ベクトル $\boldsymbol{w}$ をさがす問題である。

さて，問題〈F〉の最適解は，次の補助定理より求まる（Gemma - Kato - Sekitani（2007））。

Lemma

$\boldsymbol{w}$ が問題〈F〉の最適解であるための必要十分条件は，

$$(6) \cdots\cdots \boldsymbol{r}(\boldsymbol{w}) = \boldsymbol{c}(\boldsymbol{w})$$

である。すなわち，$\boldsymbol{w}$ が M. B. P. の解である。

ゆえに，$r = 1$ のフロベニウス・ノルムのもとでの誤差行列のノルム最小化問題（問題〈F〉）は，Matrix Balancing Problem と同値である。M. B. P. を解く方法としては，Scaling Algorithm が有名である。

つぎに，Saaty の固有値法，左固有値法と Matrix Balancing Problem との関係を説明しよう。従属ノルム $\|B\|_p$ に対して，$B = (b_{ij})$ とすると，

$$\|B\|_1 = \max_{1 \leqq j \leqq n} \sum_{i=1}^{n} |b_{ij}|$$

$$\|B\|_\infty = \max_{1 \leqq i \leqq n} \sum_{j=1}^{n} |b_{ij}|$$

$$\|B\|_2 = \max\{\sqrt{\lambda} \mid \lambda \in S_p(B^T B)\}$$

である。Saaty の固有値法は，問題〈M〉において，$p = \infty$ のときである。よって，Saaty の固有値法は，

$$(7) \cdots\cdots \min_{\boldsymbol{w}>\boldsymbol{0}} \|B\|_\infty = \min_{\boldsymbol{w}>\boldsymbol{0}} \max_{i} \sum_{j=1}^{n} a_{ij} \frac{w_j}{w_i} = \min_{\boldsymbol{w}>\boldsymbol{0}} \|\boldsymbol{r}(\boldsymbol{w})\|_\infty$$

である。すなわち，Saaty の固有値法は，誤差行列 $B = (a_{ij}\frac{w_j}{w_i})$ の行和からなるベクトル $\boldsymbol{r}(\boldsymbol{w})$ の最大ノルム下でのノルム最小化問題である。

同様にして，左固有値法は問題〈M〉において $p = 1$ のときである。ゆえに，左固有値法は

$$(8) \cdots\cdots \min_{\boldsymbol{w}>\boldsymbol{0}} \|B\|_1 = \min_{\boldsymbol{w}>\boldsymbol{0}} \max_{j} \sum_{i=1}^{n} a_{ij} \frac{w_j}{w_i} = \min_{\boldsymbol{w}>\boldsymbol{0}} \|\boldsymbol{c}(\boldsymbol{w})\|_\infty$$

となる。すなわち，左固有値法は誤差行列 B の列和からなるベクトル $\boldsymbol{c}(\boldsymbol{w})$ の最大ノルム下でのノルム最小化問題である。一方，問題〈F〉すなわち Matrix Balancing Problem は，

$$f(\boldsymbol{w}) = \sum_{i=1}^{n}\sum_{j=1}^{n} a_{ij}\frac{w_j}{w_i} = \|\boldsymbol{r}(\boldsymbol{w})\|_1$$

$$= \sum_{j=1}^{n}\sum_{i=1}^{n} a_{ij}\frac{w_j}{w_i} = \|\boldsymbol{c}(\boldsymbol{w})\|_1$$

なる関係から，

$$(9)\cdots\cdots \min_{\boldsymbol{w}>\boldsymbol{0}} f(\boldsymbol{w}) = \min_{\boldsymbol{w}>\boldsymbol{0}} \|\boldsymbol{r}(\boldsymbol{w})\|_1$$

$$= \min_{\boldsymbol{w}>\boldsymbol{0}} \|\boldsymbol{c}(\boldsymbol{w})\|_1$$

と表現される。ゆえに Matrix Balancing Problem は，ベクトル $\boldsymbol{r}(\boldsymbol{w})$ または $\boldsymbol{c}(\boldsymbol{w})$ のマンハッタン・ノルム下でのノルム最小化問題である。

以上を図で表現してみよう（図 6-1）。

最後に Matrix Balancing Problem に対する Scaling Algorithm を紹介する。

Step 1：$\|\boldsymbol{w}^0\|_1 = 1$ なる正ベクトル $\boldsymbol{w}^0$ を選び $t = 0$ とする。

Step 2：誤差行列 $(a_{ij}\frac{w_j^t}{w_i^t})$ の行和から成るベクトル $\boldsymbol{r}(\boldsymbol{w}^t)$ と列和から成るベクトル $\boldsymbol{c}(\boldsymbol{w}^t)$ を用いて，

$$\boldsymbol{r} = \boldsymbol{r}(\boldsymbol{w}^t) - (a_{11}, \cdots, a_{nn})$$

$$\boldsymbol{c} = \boldsymbol{c}(\boldsymbol{w}^t) - (a_{11}, \cdots, a_{nn})$$

とし，

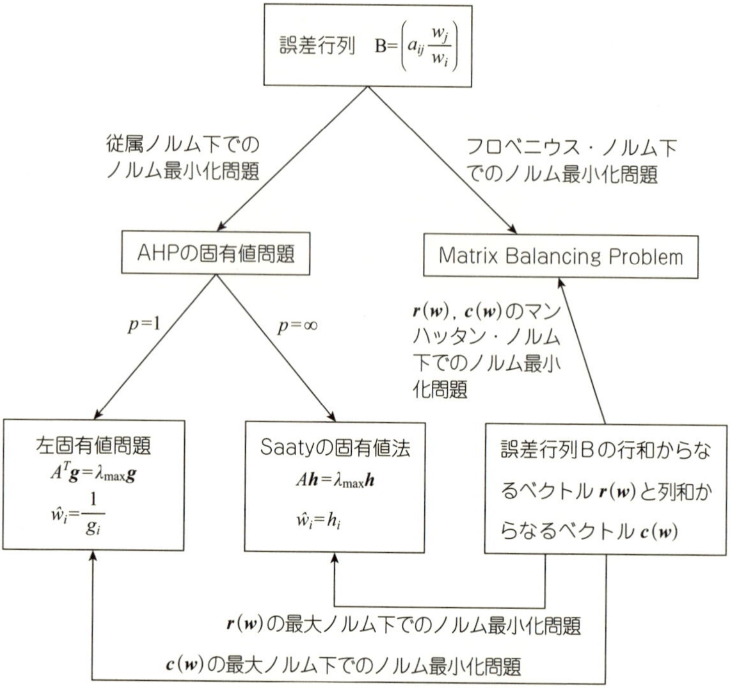

図 **6-1**　固有値法と**M.B.P.** の関係

$$\frac{|r_p - c_p|}{w_p^t} = \max_{1\leqq k\leqq n} \frac{|r_k - c_k|}{w_k^t}$$

とする。ここでもし，$|r_p - c_p| \leqq \varepsilon$ ならば，$\boldsymbol{w}^t$ が問題〈F〉の最適解であり，手順は終了する。そうでなければ，Step 3 へ。

Step 3：$\mu = \sqrt{r_p/c_p}$ とし，新たにベクトル $\boldsymbol{w}(\mu)$ を

$$w(\mu)_i = \begin{cases} \mu w_i^t & ,i = p \\ w_i^t & ,i \neq p \end{cases}$$

で定義する。そして，

$$w^{t+1} = \frac{w(\mu)}{\|w(\mu)\|_1}$$

とし，$t = t + 1$ として，Step 2 へ。

この Algorithm は，大域収束性（globally convergence）が保証されている（Gemma - Kato - Sekitani（2007））。

第 7 章

AHP の応用例

本章では，第 2 章の例題の階層図より複雑な階層図をもつ現実の問題に AHP を適用し，この問題でも第 2 章の AHP の手順で計算可能であることを確認する。

ウェイトの推定方法としては，最大値，幾何平均と調和平均を用いる。さらに，一対比較行列の整合度を計算し，整合度が悪い一対比較行列については，検証を行う。

浅井君は，AHP を用いて夏の旅行の計画を検討することとした。

表 7-1 検討プラン

プラン	場　所	値　段	交通手段	宿泊環境	食　事
A	北海道	120,000 円 （5 泊 6 日）	船	バス・トイレ付 洋室・温水プール カラオケルーム	毛ガニ・ウニ トロ・エビ
B	佐 渡	90,000 円 （3 泊 4 日）	新幹線＋ フェリー	バス・トイレ付 洋室または和室 露天風呂	甘エビ・ イカそーめん 食べ放題
C	箱 根	40,000 円 （1 泊 2 日）	電　車	バス・トイレ付 和室・露天風呂 カラオケルーム	高級懐石料理
D	京 都	23,000 円 （2 泊 3 日）	新幹線	バス・トイレ共同 和室 レジャー施設なし	なし
E	沖 縄	57,000 円 （2 泊 3 日）	飛行機	バス・トイレ付 洋室・テニスコート カラオケルーム	フランス料理

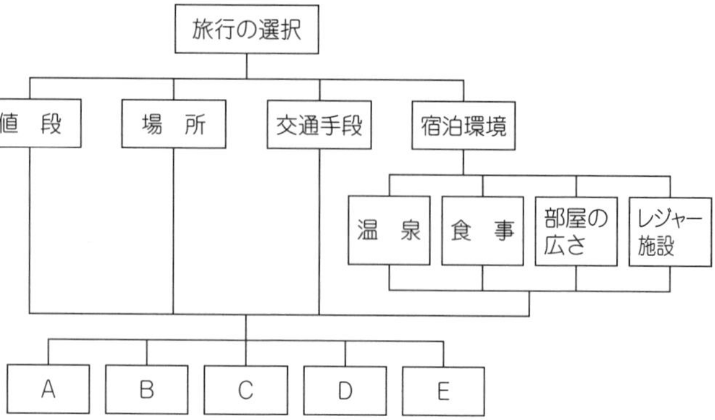

図 7-1　旅行選択の階層図

階層図を作成すると，図 7-1 のようになる。「宿泊環境」はいろいろ好みがあるので,「温泉」「食事」「部屋の広さ」と「レジャー施設」の評価項目に分け，総合的に評価することとした。

まず，評価項目間の一対比較を行い，その一対比較行列から最大値を用いてウェイトを求めよう。

表 7-2

→	値　段	場　所	交通手段	宿泊環境	最大値	ウェイト
値　段	1	1	5	3	5	$\frac{5}{14}=0.357$
場　所	1	1	5	3	5	$\frac{5}{14}=0.357$
交通手段	1/5	1/5	1	1/3	1	$\frac{1}{14}=0.071$
宿泊環境	1/3	1/3	3	1	3	$\frac{3}{14}=0.214$
					和 14	

浅井君は,「値段」と「場所」を重要と考え，それに「宿泊環境」を気にしながら旅行先を決めようとしている。つぎに，各評価項目ごとに代

替案の重要度（ウェイト）を求めれば，総合得点が求まるのが第 2 章で解説した AHP の手順であるが，浅井君の例では，評価項目のところに中 2 階があるので，まず「宿泊環境」について考察する。この評価項目の下で代替案 A，B，…，E のウェイトを求めるには，図 7-2 の階層図から AHP の手順に従って総合得点を求めればよい。

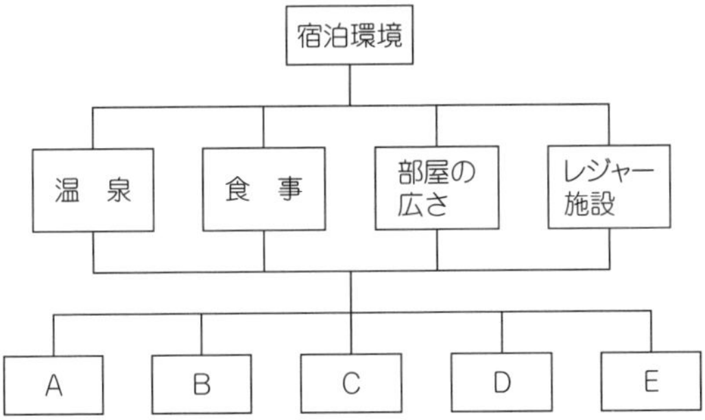

図 7-2

まず AHP の手順に従って，評価項目間の一対比較を行い，それから各項目のウェイトを求めよう。

表 7-3

⮣	温 泉	食 事	部屋の広さ	レジャー施設	最大値	ウェイト
温　泉	1	1/3	1/3	3	3	$\frac{3}{14} = 0.214$
食　事	3	1	1	5	5	$\frac{5}{14} = 0.357$
部屋の広さ	3	1	1	5	5	$\frac{5}{14} = 0.357$
レジャー施設	1/3	1/5	1/5	1	1	$\frac{1}{14} = 0.071$

和 14

「宿泊環境」を決める 4 つの評価項目の重要度が求まったので，つぎに各評価項目ごとに代替案 A，B，C，D，E のウェイトを求めよう。

表 7-4

温泉	A	B	C	D	E	最大値	ウェイト
A	1	1/7	1/5	3	1	3	$\frac{3}{19}=0.158$
B	7	1	3	7	5	7	$\frac{7}{19}=0.368$
C	5	1/3	1	5	3	5	$\frac{5}{19}=0.263$
D	1/3	1/7	1/5	1	1/3	1	$\frac{1}{19}=0.053$
E	1	1/5	1/3	3	1	3	$\frac{3}{19}=0.158$
						和 19	

表 7-5

食事	A	B	C	D	E	最大値	ウェイト
A	1	7	1/3	9	5	9	$\frac{9}{25}=0.360$
B	1/7	1	1/5	3	1/5	3	$\frac{3}{25}=0.120$
C	3	5	1	7	3	7	$\frac{7}{25}=0.280$
D	1/9	1/3	1/7	1	1/5	1	$\frac{1}{25}=0.040$
E	1/5	5	1/3	5	1	5	$\frac{5}{25}=0.200$
						和 25	

表 7-6

部屋の広さ	A	B	C	D	E	最大値	ウェイト
A	1	1/3	1/7	3	1/5	3	$\frac{3}{21}=0.143$
B	3	1	1/3	5	1/3	5	$\frac{5}{21}=0.238$
C	7	3	1	7	3	7	$\frac{7}{21}=0.333$
D	1/3	1/5	1/7	1	1/3	1	$\frac{1}{21}=0.048$
E	5	3	1/3	3	1	5	$\frac{5}{21}=0.238$
						和 21	

表 7-7

レジャー施設	A	B	C	D	E	最大値	ウェイト
A	1	3	5	7	1	7	$\frac{7}{25}=0.280$
B	1/3	1	3	7	5	7	$\frac{7}{25}=0.280$
C	1/5	1/3	1	3	1/5	3	$\frac{3}{25}=0.120$
D	1/7	1/7	1/3	1	1/7	1	$\frac{1}{25}=0.040$
E	1	1/5	5	7	1	7	$\frac{7}{25}=0.280$
						和 25	

以上，表7-3，表7-4，表7-5，表7-6，表7-7から「宿泊環境」のもとでの代替案A，B，C，D，Eのウェイトを求めることができる。

表 7-8　「宿泊環境」のウェイトの総合評価

宿泊環境	温　泉 0.214	食　事 0.357	部屋の広さ 0.357	レジャー施設 0.071	総合得点
A	0.158 × 0.214 0.034	0.360 × 0.357 0.129	0.143 × 0.357 0.051	0.280 × 0.071 0.020	0.234
B	0.368 × 0.214 0.079	0.120 × 0.357 0.043	0.238 × 0.357 0.085	0.280 × 0.071 0.020	0.227
C	0.263 × 0.214 0.056	0.280 × 0.357 0.100	0.333 × 0.357 0.119	0.120 × 0.071 0.009	0.284
D	0.053 × 0.214 0.011	0.040 × 0.357 0.014	0.048 × 0.357 0.017	0.040 × 0.071 0.003	0.045
E	0.158 × 0.214 0.034	0.200 × 0.357 0.071	0.238 × 0.357 0.085	0.280 × 0.071 0.020	0.210

残りの評価項目「値段」「場所」「交通手段」のもとでの各代替案のウェイトを求めれば，各代替案の総合得点が求まる。

表 7-9

値　段	A	B	C	D	E	最大値	ウェイト
A	1	1/3	1/5	1/7	1/5	1	$\frac{1}{21}=0.048$
B	3	1	1/5	1/7	1/3	3	$\frac{3}{21}=0.143$
C	5	5	1	1/3	1/5	5	$\frac{5}{21}=0.238$
D	7	7	3	1	3	7	$\frac{7}{21}=0.333$
E	5	3	5	1/3	1	5	$\frac{5}{21}=0.238$
						和 21	

表 7-10

場　所	A	B	C	D	E	最大値	ウェイト
A	1	7	5	3	1	7	$\frac{7}{23}=0.304$
B	1/7	1	1/3	1/5	1/7	1	$\frac{1}{23}=0.043$
C	1/5	3	1	1/3	1/5	3	$\frac{3}{23}=0.130$
D	1/3	5	3	1	1/3	5	$\frac{5}{23}=0.217$
E	1	7	5	3	1	7	$\frac{7}{23}=0.304$
						和 23	

表 7-11

交通手段	A	B	C	D	E	最大値	ウェイト
A	1	1/5	1/3	1/5	1/7	1	$\frac{1}{23}=0.043$
B	5	1	1/5	1/3	1/7	5	$\frac{5}{23}=0.217$
C	3	5	1	1/3	1/5	5	$\frac{5}{23}=0.217$
D	5	3	3	1	1/3	5	$\frac{5}{23}=0.217$
E	7	7	5	3	1	7	$\frac{7}{23}=0.304$
						和 23	

表7-12 総合得点（最大値を用いて）

評価基準 ウェイト プラン	値　段 0.357	場　所 0.357	交通手段 0.071	宿泊環境 0.214	総合得点
A	0.048×0.357 0.017	0.304×0.357 0.109	0.043×0.071 0.003	0.234×0.214 0.050	0.179
B	0.143×0.357 0.051	0.043×0.357 0.015	0.217×0.071 0.015	0.227×0.214 0.049	0.130
C	0.238×0.357 0.085	0.130×0.357 0.046	0.217×0.071 0.015	0.284×0.214 0.061	0.207
D	0.333×0.357 0.119	0.217×0.357 0.077	0.217×0.071 0.015	0.045×0.214 0.010	0.221
E	0.238×0.357 0.085	0.304×0.357 0.109	0.304×0.071 0.022	0.210×0.214 0.045	0.261

よって，表7-2，表7-8，表7-9，表7-10，表7-11から，各代替案の総合得点が計算される（表7-12）。

この結果より，浅井君は沖縄に旅行することとなった。第2章の例題でも，最大値の他に最小値，幾何平均，調和平均を用いてAHPを適用したが，この例でも幾何平均と調和平均によるAHPの計算を実施してみる。まず，幾何平均を用いる。初めに，表7-2を幾何平均で実施する。

表7-13

→	値段	場所	交通手段	宿泊環境	幾何平均	ウェイト
値　段	1	1	5	3	$\sqrt[4]{1 \times 1 \times 5 \times 3} = 1.968$	$\frac{1.968}{5.036} = 0.391$
場　所	1	1	5	3	$\sqrt[4]{1 \times 1 \times 5 \times 3} = 1.968$	$\frac{1.968}{5.036} = 0.391$
交通手段	1/5	1/5	1	1/3	$\sqrt[4]{\frac{1}{5} \times \frac{1}{5} \times 1 \times \frac{1}{3}} = 0.340$	$\frac{0.340}{5.036} = 0.068$
宿泊環境	1/3	1/3	3	1	$\sqrt[4]{\frac{1}{3} \times \frac{1}{3} \times 3 \times 1} = 0.760$	$\frac{0.760}{5.036} = 0.151$
					和 5.036	

つぎに，表7-3，表7-4，表7-5，表7-6，表7-7を幾何平均で計算を行い，幾何平均を用いたときの「宿泊環境」のもとでの各代替案のウェイトを求めよう。

表7-14

→	温泉	食事	部屋の広さ	レジャー施設	幾何平均	ウェイト
温泉	1	1/3	1/3	3	$\sqrt[4]{1\times\frac{1}{3}\times\frac{1}{3}\times 3}=0.760$	$\frac{0.760}{5.036}=0.151$
食事	3	1	1	5	$\sqrt[4]{3\times 1\times 1\times 5}=1.968$	$\frac{1.968}{5.036}=0.391$
部屋の広さ	3	1	1	5	$\sqrt[4]{3\times 1\times 1\times 5}=1.968$	$\frac{1.968}{5.036}=0.391$
レジャー施設	1/3	1/5	1/5	1	$\sqrt[4]{\frac{1}{3}\times\frac{1}{5}\times\frac{1}{5}\times 1}=0.340$	$\frac{0.340}{5.036}=0.068$

和 5.036

表7-15

温泉	A	B	C	D	E	幾何平均	ウェイト
A	1	1/7	1/5	3	1	$\sqrt[5]{1\times\frac{1}{7}\times\frac{1}{5}\times 3\times 1}=0.612$	$\frac{0.612}{7.300}=0.084$
B	7	1	3	7	5	$\sqrt[5]{7\times 1\times 3\times 7\times 5}=3.743$	$\frac{3.743}{7.300}=0.513$
C	5	1/3	1	5	3	$\sqrt[5]{5\times\frac{1}{3}\times 1\times 5\times 3}=1.904$	$\frac{1.904}{7.300}=0.261$
D	1/3	1/7	1/5	1	1/3	$\sqrt[5]{\frac{1}{3}\times\frac{1}{7}\times\frac{1}{5}\times 1\times\frac{1}{3}}=0.316$	$\frac{0.316}{7.300}=0.043$
E	1	1/5	1/3	3	1	$\sqrt[5]{1\times\frac{1}{5}\times\frac{1}{3}\times 3\times 1}=0.725$	$\frac{0.725}{7.300}=0.099$

和 7.300

表 7 - 16

食事	A	B	C	D	E	幾何平均	ウェイト
A	1	7	1/3	9	5	$\sqrt[5]{1\times 7\times \frac{1}{3}\times 9\times 5}=2.537$	$\frac{2.537}{7.502}=0.338$
B	1/7	1	1/5	3	1/5	$\sqrt[5]{\frac{1}{7}\times 1\times \frac{1}{5}\times 3\times \frac{1}{5}}=0.443$	$\frac{0.443}{7.502}=0.059$
C	3	5	1	7	3	$\sqrt[5]{3\times 5\times 1\times 7\times 3}=3.160$	$\frac{3.160}{7.502}=0.421$
D	1/9	1/3	1/7	1	1/5	$\sqrt[5]{\frac{1}{9}\times \frac{1}{3}\times \frac{1}{7}\times 1\times \frac{1}{5}}=0.254$	$\frac{0.254}{7.502}=0.034$
E	1/5	5	1/3	5	1	$\sqrt[5]{\frac{1}{5}\times 5\times \frac{1}{3}\times 5\times 1}=1.108$	$\frac{1.108}{7.502}=0.148$

和 7.502

表 7 - 17

部屋の広さ	A	B	C	D	E	幾何平均	ウェイト
A	1	1/3	1/7	3	1/5	$\sqrt[5]{1\times \frac{1}{3}\times \frac{1}{7}\times 3\times \frac{1}{5}}=0.491$	$\frac{0.491}{7.014}=0.070$
B	3	1	1/3	5	1/3	$\sqrt[5]{3\times 1\times \frac{1}{3}\times 5\times \frac{1}{3}}=1.108$	$\frac{1.108}{7.014}=0.158$
C	7	3	1	7	3	$\sqrt[5]{7\times 3\times 1\times 7\times 3}=3.380$	$\frac{3.380}{7.014}=0.482$
D	1/3	1/5	1/7	1	1/3	$\sqrt[5]{\frac{1}{3}\times \frac{1}{5}\times \frac{1}{7}\times 1\times \frac{1}{3}}=0.316$	$\frac{0.316}{7.014}=0.045$
E	5	3	1/3	3	1	$\sqrt[5]{5\times 3\times \frac{1}{3}\times 3\times 1}=1.719$	$\frac{1.719}{7.014}=0.245$

和 7.014

表 7 - 18

レジャー施設	A	B	C	D	E	幾何平均	ウェイト
A	1	3	5	7	1	$\sqrt[5]{1\times 3\times 5\times 7\times 1}=2.537$	$\frac{2.537}{6.824}=0.372$
B	1/3	1	3	7	5	$\sqrt[5]{\frac{1}{3}\times 1\times 3\times 7\times 5}=2.036$	$\frac{2.036}{6.824}=0.298$
C	1/5	1/3	1	3	1/5	$\sqrt[5]{\frac{1}{5}\times \frac{1}{3}\times 1\times 3\times \frac{1}{5}}=0.525$	$\frac{0.525}{6.824}=0.077$
D	1/7	1/7	1/3	1	1/7	$\sqrt[5]{\frac{1}{7}\times \frac{1}{7}\times \frac{1}{3}\times 1\times \frac{1}{7}}=0.250$	$\frac{0.250}{6.824}=0.037$
E	1	1/5	5	7	1	$\sqrt[5]{1\times \frac{1}{5}\times 5\times 7\times 1}=1.476$	$\frac{1.476}{6.824}=0.216$

和 6.824

表 7-19 「宿泊環境」のウェイトの総合評価

宿泊環境	温泉 0.151	食事 0.391	部屋の広さ 0.391	レジャー施設 0.068	総合得点
A	0.084 × 0.151 0.013	0.338 × 0.391 0.132	0.070 × 0.391 0.027	0.372 × 0.068 0.025	0.197
B	0.513 × 0.151 0.077	0.059 × 0.391 0.023	0.158 × 0.391 0.062	0.298 × 0.068 0.020	0.182
C	0.261 × 0.151 0.039	0.421 × 0.391 0.165	0.482 × 0.391 0.188	0.077 × 0.068 0.005	0.397
D	0.043 × 0.151 0.006	0.034 × 0.391 0.013	0.045 × 0.391 0.018	0.037 × 0.068 0.003	0.040
E	0.099 × 0.151 0.015	0.148 × 0.391 0.058	0.245 × 0.391 0.096	0.216 × 0.068 0.015	0.184

表 7-14，表 7-15，表 7-16，表 7-17，表 7-18 より「宿泊環境」のもとでの各代替案のウェイトが求まる（表 7-19）。

表 7-9，表 7-10，表 7-11 を幾何平均を用いて実施すれば，各代替案の総合得点が幾何平均を用いて求まる。

表 7-20

値段	A	B	C	D	E	幾何平均	ウェイト
A	1	1/3	1/5	1/7	1/5	$\sqrt[5]{1 \times \frac{1}{3} \times \frac{1}{5} \times \frac{1}{7} \times \frac{1}{5}} = 0.286$	$\frac{0.286}{7.169} = 0.040$
B	3	1	1/5	1/7	1/3	$\sqrt[5]{3 \times 1 \times \frac{1}{5} \times \frac{1}{7} \times \frac{1}{3}} = 0.491$	$\frac{0.491}{7.169} = 0.068$
C	5	5	1	1/3	1/5	$\sqrt[5]{5 \times 5 \times 1 \times \frac{1}{3} \times \frac{1}{5}} = 1.108$	$\frac{1.108}{7.169} = 0.155$
D	7	7	3	1	3	$\sqrt[5]{7 \times 7 \times 3 \times 1 \times 3} = 3.380$	$\frac{3.380}{7.169} = 0.471$
E	5	3	5	1/3	1	$\sqrt[5]{5 \times 3 \times 5 \times \frac{1}{3} \times 1} = 1.904$	$\frac{1.904}{7.169} = 0.266$

和 7.169

表 7-21

場所	A	B	C	D	E	幾何平均	ウェイト
A	1	7	5	3	1	$\sqrt[5]{1\times7\times5\times3\times1}=2.537$	$\frac{2.537}{6.974}=0.364$
B	1/7	1	1/3	1/5	1/7	$\sqrt[5]{\frac{1}{7}\times1\times\frac{1}{3}\times\frac{1}{5}\times\frac{1}{7}}=0.267$	$\frac{0.267}{6.974}=0.038$
C	1/5	3	1	1/3	1/5	$\sqrt[5]{\frac{1}{5}\times3\times1\times\frac{1}{3}\times\frac{1}{5}}=0.525$	$\frac{0.525}{6.974}=0.075$
D	1/3	5	3	1	1/ 3	$\sqrt[5]{\frac{1}{3}\times5\times3\times1\times\frac{1}{3}}=1.108$	$\frac{1.108}{6.974}=0.159$
E	1	7	5	3	1	$\sqrt[5]{1\times7\times5\times3\times1}=2.537$	$\frac{2.537}{6.974}=0.364$

和 6.974

表 7-22

交通手段	A	B	C	D	E	幾何平均	ウェイト
A	1	1/5	1/3	1/5	1/7	$\sqrt[5]{1\times\frac{1}{5}\times\frac{1}{3}\times\frac{1}{5}\times\frac{1}{7}}=0.286$	$\frac{0.286}{7.292}=0.039$
B	5	1	1/5	1/3	1/7	$\sqrt[5]{5\times1\times\frac{1}{5}\times\frac{1}{3}\times\frac{1}{7}}=0.544$	$\frac{0.544}{7.292}=0.075$
C	3	5	1	1/3	1/5	$\sqrt[5]{3\times5\times1\times\frac{1}{3}\times\frac{1}{5}}=1.000$	$\frac{1.000}{7.292}=0.137$
D	5	3	3	1	1/ 3	$\sqrt[5]{5\times3\times3\times1\times\frac{1}{3}}=1.719$	$\frac{1.719}{7.292}=0.236$
E	7	7	5	3	1	$\sqrt[5]{7\times7\times5\times3\times1}=3.743$	$\frac{3.743}{7.292}=0.513$

和 7.292

以上，表7-13，表7-19，表7-20，表7-21，表7-22より幾何平均を用いたときの，各代替案の総合得点が計算される。

表 **7-23** 総合得点（幾何平均を用いて）

評価基準 ウェイト プラン	値　段 0.391	場　所 0.391	交通手段 0.068	宿泊環境 0.151	総合得点
A	0.040×0.391 0.016	0.364×0.391 0.142	0.039×0.068 0.003	0.197×0.151 0.030	0.191
B	0.068×0.391 0.027	0.038×0.391 0.015	0.075×0.068 0.005	0.182×0.151 0.027	0.074
C	0.155×0.391 0.061	0.075×0.391 0.029	0.137×0.068 0.009	0.397×0.151 0.060	0.159
D	0.471×0.391 0.184	0.159×0.391 0.062	0.236×0.068 0.016	0.040×0.151 0.006	0.268
E	0.266×0.391 0.104	0.364×0.391 0.142	0.513×0.068 0.035	0.184×0.151 0.028	0.309

最後に，調和平均を用いて浅井君の例題を解いてみよう。調和平均は，

$$H = \left(\frac{1}{n} \sum_{i=1}^{n} x_i^{-1} \right)^{-1} = \frac{n}{\frac{1}{x_1} + \frac{1}{x_2} + \cdots + \frac{1}{x_n}}$$

で計算している。まず，評価項目のウェイトを求めよう。

表 **7-24**

⟶	値段	場所	交通手段	宿泊環境	調和平均	ウェイト
値　段	1	1	5	3	$\frac{4}{1+1+\frac{1}{5}+\frac{1}{3}} = 1.579$	$\frac{1.579}{3.989} = 0.396$
場　所	1	1	5	3	$\frac{4}{1+1+\frac{1}{5}+\frac{1}{3}} = 1.579$	$\frac{1.579}{3.989} = 0.396$
交　通	1/5	1/5	1	1/3	$\frac{4}{5+5+1+3} = 0.286$	$\frac{0.286}{3.989} = 0.072$
宿泊環境	1/3	1/3	3	1	$\frac{4}{3+3+\frac{1}{3}+1} = 0.544$	$\frac{0.544}{3.989} = 0.137$

和 3.989

つぎに，「宿泊環境」のもとでの各代替案のウェイトを図 7-2 の階層図に従って求める。

表 7-25

⮣	温 泉	食 事	部屋の広さ	レジャー施設	調和平均	ウェイト
温 泉	1	1/3	1/3	3	$\frac{4}{1+3+3+\frac{1}{3}}=0.545$	$\frac{0.545}{3.989}=0.137$
食 事	3	1	1	5	$\frac{4}{\frac{1}{3}+1+1+\frac{1}{5}}=1.579$	$\frac{1.579}{3.989}=0.396$
部屋の広さ	3	1	1	5	$\frac{4}{\frac{1}{3}+1+1+\frac{1}{5}}=1.579$	$\frac{1.579}{3.989}=0.396$
レジャー施設	1/3	1/5	1/5	1	$\frac{4}{3+5+5+1}=0.286$	$\frac{0.286}{3.989}=0.072$

和 3.989

表 7-26

温泉	A	B	C	D	E	調和平均	ウェイト
A	1	1/7	1/5	3	1	$\frac{5}{1+7+5+\frac{1}{3}+1}=0.349$	$\frac{0.349}{4.901}=0.071$
B	7	1	3	7	5	$\frac{5}{\frac{1}{7}+1+\frac{1}{3}+\frac{1}{7}+\frac{1}{5}}=2.749$	$\frac{2.749}{4.901}=0.561$
C	5	1/3	1	5	3	$\frac{5}{\frac{1}{5}+3+1+\frac{1}{5}+\frac{1}{3}}=1.056$	$\frac{1.056}{4.901}=0.215$
D	1/3	1/7	1/5	1	1/ 3	$\frac{5}{3+7+5+1+3}=0.263$	$\frac{0.263}{4.901}=0.054$
E	1	1/5	1/3	3	1	$\frac{5}{1+5+3+\frac{1}{3}+1}=0.484$	$\frac{0.484}{4.901}=0.099$

和 4.901

表 7-27

食事	A	B	C	D	E	調和平均	ウェイト
A	1	7	1/3	9	5	$\frac{5}{1+\frac{1}{7}+3+\frac{1}{9}+\frac{1}{5}}=1.123$	$\frac{1.123}{4.616}=0.243$
B	1/7	1	1/5	3	1/5	$\frac{5}{7+1+5+\frac{1}{3}+5}=0.273$	$\frac{0.273}{4.616}=0.059$
C	3	5	1	7	3	$\frac{5}{\frac{1}{3}+\frac{1}{5}+1+\frac{1}{7}+\frac{1}{3}}=2.488$	$\frac{2.488}{4.616}=0.539$
D	1/9	1/3	1/7	1	1/5	$\frac{5}{9+3+7+1+5}=0.200$	$\frac{0.200}{4.616}=0.043$
E	1/5	5	1/3	5	1	$\frac{5}{5+\frac{1}{5}+3+\frac{1}{5}+1}=0.532$	$\frac{0.532}{4.616}=0.115$

和 4.616

表 7-28

部屋の広さ	A	B	C	D	E	調和平均	ウェイト
A	1	1/3	1/7	3	1/5	$\frac{5}{1+3+7+\frac{1}{3}+5}=0.306$	$\frac{0.306}{4.821}=0.063$
B	3	1	1/3	5	1/3	$\frac{5}{\frac{1}{3}+1+3+\frac{1}{5}+3}=0.664$	$\frac{0.664}{4.821}=0.138$
C	7	3	1	7	3	$\frac{5}{\frac{1}{7}+\frac{1}{3}+1+\frac{1}{7}+\frac{1}{3}}=2.561$	$\frac{2.561}{4.821}=0.531$
D	1/3	1/5	1/7	1	1/3	$\frac{5}{3+5+7+1+3}=0.263$	$\frac{0.263}{4.821}=0.055$
E	5	3	1/3	3	1	$\frac{5}{\frac{1}{5}+\frac{1}{3}+3+\frac{1}{3}+1}=1.027$	$\frac{1.027}{4.821}=0.213$

和 4.821

表 7-29

レジャー施設	A	B	C	D	E	調和平均	ウェイト
A	1	3	5	7	1	$\frac{5}{1+\frac{1}{3}+\frac{1}{5}+\frac{1}{7}+1}=1.868$	$\frac{1.868}{4.167}=0.448$
B	1/3	1	3	7	5	$\frac{5}{3+1+\frac{1}{3}+\frac{1}{7}+\frac{1}{5}}=1.069$	$\frac{1.069}{4.167}=0.257$
C	1/5	1/3	1	3	1/5	$\frac{5}{5+3+1+\frac{1}{3}+5}=0.349$	$\frac{0.349}{4.167}=0.084$
D	1/7	1/7	1/3	1	1/7	$\frac{5}{7+7+3+1+7}=0.200$	$\frac{0.200}{4.167}=0.048$
E	1	1/5	5	7	1	$\frac{5}{1+5+\frac{1}{5}+\frac{1}{7}+1}=0.681$	$\frac{0.681}{4.167}=0.163$

和 4.167

表 7-25，表 7-26，表 7-27，表 7-28 と表 7-29 より「宿泊環境」のもとでの各代替案のウェイトが求まる。

表 7-30　「宿泊環境」のウェイトの総合評価

宿泊環境	温　泉 0.137	食　事 0.396	部屋の広さ 0.396	レジャー施設 0.072	総合得点
A	0.071 × 0.137 0.010	0.243 × 0.396 0.096	0.063 × 0.396 0.025	0.448 × 0.072 0.032	0.163
B	0.561 × 0.137 0.077	0.059 × 0.396 0.023	0.138 × 0.396 0.055	0.257 × 0.072 0.019	0.174
C	0.215 × 0.137 0.029	0.539 × 0.396 0.213	0.531 × 0.396 0.210	0.084 × 0.072 0.006	0.458
D	0.054 × 0.137 0.007	0.043 × 0.396 0.017	0.055 × 0.396 0.022	0.048 × 0.072 0.003	0.049
E	0.099 × 0.137 0.014	0.115 × 0.396 0.046	0.213 × 0.396 0.084	0.163 × 0.072 0.012	0.156

つぎに,「値段」「場所」「交通手段」のもとでの各代替案のウェイトを求めてみよう。

表7-31

値段	A	B	C	D	E	調和平均	ウェイト
A	1	1/3	1/5	1/7	1/5	$\frac{5}{1+3+5+7+5}=0.238$	$\frac{0.238}{4.693}=0.051$
B	3	1	1/5	1/7	1/3	$\frac{5}{\frac{1}{3}+1+5+7+3}=0.306$	$\frac{0.306}{4.693}=0.065$
C	5	5	1	1/3	1/5	$\frac{5}{\frac{1}{5}+\frac{1}{5}+1+3+5}=0.532$	$\frac{0.532}{4.693}=0.113$
D	7	7	3	1	3	$\frac{5}{\frac{1}{7}+\frac{1}{7}+\frac{1}{3}+1+\frac{1}{3}}=2.561$	$\frac{2.561}{4.693}=0.546$
E	5	3	5	1/3	1	$\frac{5}{\frac{1}{5}+\frac{1}{3}+\frac{1}{5}+3+1}=1.056$	$\frac{1.056}{4.693}=0.225$

和 4.693

表 **7-32**

場所	A	B	C	D	E	調和平均	ウェイト
A	1	7	5	3	1	$\frac{5}{1+\frac{1}{7}+\frac{1}{5}+\frac{1}{3}+1}=1.868$	$\frac{1.868}{4.966}=0.376$
B	1/7	1	1/3	1/5	1/7	$\frac{5}{7+1+3+5+7}=0.217$	$\frac{0.217}{4.966}=0.044$
C	1/5	3	1	1/3	1/5	$\frac{5}{5+\frac{1}{3}+1+3+5}=0.349$	$\frac{0.349}{4.966}=0.070$
D	1/3	5	3	1	1/3	$\frac{5}{3+\frac{1}{5}+\frac{1}{3}+1+3}=0.664$	$\frac{0.664}{4.966}=0.134$
E	1	7	5	3	1	$\frac{5}{1+\frac{1}{7}+\frac{1}{5}+\frac{1}{3}+1}=1.868$	$\frac{1.868}{4.966}=0.376$

和 4.966

表 **7-33**

交通手段	A	B	C	D	E	調和平均	ウェイト
A	1	1/5	1/3	1/5	1/7	$\frac{5}{1+5+3+5+7}=0.238$	$\frac{0.238}{4.847}=0.049$
B	5	1	1/5	1/3	1/7	$\frac{5}{\frac{1}{5}+1+5+3+7}=0.309$	$\frac{0.309}{4.847}=0.064$
C	3	5	1	1/3	1/5	$\frac{5}{\frac{1}{3}+\frac{1}{5}+1+3+5}=0.524$	$\frac{0.524}{4.847}=0.108$
D	5	3	3	1	1/3	$\frac{5}{\frac{1}{5}+\frac{1}{3}+\frac{1}{3}+1+3}=1.027$	$\frac{1.027}{4.847}=0.212$
E	7	7	5	3	1	$\frac{5}{\frac{1}{7}+\frac{1}{7}+\frac{1}{5}+\frac{1}{3}+1}=2.749$	$\frac{2.749}{4.847}=0.567$

和 4.847

以上から，調和平均で計算した各代替案のウェイトが求まる。

表 7-34 総合得点（調和平均を用いて）

評価基準 ウェイト プラン	値　段 0.396	場　所 0.396	交通手段 0.072	宿泊環境 0.137	総合得点
A	0.051 × 0.396 0.020	0.376 × 0.396 0.149	0.049 × 0.072 0.004	0.163 × 0.137 0.022	0.195
B	0.065 × 0.396 0.026	0.044 × 0.396 0.017	0.064 × 0.072 0.005	0.174 × 0.137 0.024	0.072
C	0.113 × 0.396 0.045	0.070 × 0.396 0.028	0.108 × 0.072 0.008	0.458 × 0.137 0.063	0.144
D	0.546 × 0.396 0.216	0.134 × 0.396 0.053	0.212 × 0.072 0.015	0.049 × 0.137 0.007	0.291
E	0.225 × 0.396 0.089	0.376 × 0.396 0.149	0.567 × 0.072 0.041	0.156 × 0.137 0.021	0.300

どの平均法を用いてAHPを適用しても，浅井君の行き先は沖縄である。

浅井君の例題の中に出てくる一対比較行列の整合度を計算してみよう。調和平均でウェイトを推定した場合の整合度 C. I. H.

$$\text{C. I. H.} = \frac{\text{項目数}}{\text{各行の調和平均の和}} - 1$$

の方が計算が簡単であるので，すべての一対比較行列の C. I .H. を計算してみよう。表 7-24 から表 7-33 までの 9 個の一対比較行列の整合度は順番に

$$\text{C. I. H.} = \frac{4}{3.989} - 1 = 0.003 < 0.07$$

$$\text{C. I. H.} = \frac{4}{3.989} - 1 = 0.003 < 0.07$$

$$\text{C. I. H.} = \frac{5}{4.901} - 1 = 0.020 < 0.07$$

$$\text{C. I. H.} = \frac{5}{4.616} - 1 = 0.083 > 0.07$$

$$\text{C. I. H.} = \frac{5}{4.821} - 1 = 0.037 < 0.07$$

$$\text{C. I. H.} = \frac{5}{4.167} - 1 = 0.200 > 0.07$$

$$\text{C. I. H.} = \frac{5}{4.693} - 1 = 0.065 < 0.07$$

$$\text{C. I. H.} = \frac{5}{4.966} - 1 = 0.007 < 0.07$$

$$\text{C. I. H.} = \frac{5}{4.847} - 1 = 0.032 < 0.07$$

である。9 個の一対比較行列の中で，C. I. H. が 0.07 を越えている行列は 2 個である。

C. I. H. ≦ 0.07 という条件は，Saaty の整合度 C. I. ≦ 0.1 に対応している条件である。§ **5.4** で述べたように，多変量解析の観点から，C. I. ≦ 0.15 まで整合性のずれを許容してもよいという提案もあるので，C. I. H. > 0.07 の 2 つの一対比較行列の C. I. を計算してみよう。

最初の一対比較行列は，表 7 - 27 の「食事」のもとでの代替案 A，B，C，D，E の一対比較行列である。この一対比較行列から，幾何平均を用いてウェイトを推定しているのは表 7 - 16 である。よって，第 5 章で示した手順に従って，$\hat{\lambda}_{\max}$ を求める。

表 7 - 35

食事	A	B	C	D	E	ヨコの合計	$\frac{\text{ヨコの合計}}{\text{ウェイト}}$
A	0.338	0.413	0.140	0.306	0.740	1.937	$\frac{1.937}{0.338}=5.731$
B	0.048	0.059	0.084	0.102	0.030	0.323	$\frac{0.323}{0.059}=5.475$
C	1.014	0.295	0.421	0.238	0.444	2.412	$\frac{2.412}{0.421}=5.729$
D	0.038	0.020	0.060	0.034	0.030	0.182	$\frac{0.182}{0.034}=5.353$
E	0.068	0.295	0.140	0.170	0.148	0.821	$\frac{0.821}{0.148}=5.547$

（この部分は表 7-16 の行列の各列に
ウェイトを掛けたもの）

↓

相加平均
$\hat{\lambda}_{max}=5.567$

表 7-35 より，$\hat{\lambda}_{max}=5.567$ であるので，Saaty の整合度は

$$\text{C.I.}=\frac{5.567-5}{5-1}=0.142$$

であるので，C.I. ≦ 0.15 をみたしている。よって，この一対比較行列はこのまま使用する。

もうひとつの一対比較行列は，表 7-29 の「レジャー施設」のもとでの代替案 A，B，C，D，E の一対比較行列である。この一対比較行列から，幾何平均を用いてウェイトを推定しているのは表 7 - 18 である。よって，同様の手順で $\hat{\lambda}_{max}$ を求める。

表 7-36

レジャー施設	A	B	C	D	E	ヨコの合計	$\frac{\text{ヨコの合計}}{\text{ウェイト}}$
A	0.372	0.894	0.385	0.259	0.216	2.126	$\frac{2.126}{0.372} = 5.715$
B	0.124	0.298	0.231	0.259	1.080	1.992	$\frac{1.992}{0.298} = 6.685$
C	0.074	0.099	0.077	0.111	0.043	0.404	$\frac{0.404}{0.077} = 5.247$
D	0.053	0.043	0.026	0.037	0.031	0.190	$\frac{0.190}{0.037} = 5.135$
E	0.372	0.060	0.385	0.259	0.216	1.292	$\frac{1.292}{0.216} = 5.981$

（この部分は表 7-18 の行列の各列にウェイトを掛けたもの）

↓

相加平均

$\hat{\lambda}_{max} = 5.753$

表 7-36 より，$\hat{\lambda}_{max} = 5.753$ であるので，Saaty の整合度は

$$\text{C.I.} = \frac{5.753-5}{5-1} = 0.188$$

であるので，C.I. ≦ 0.15 をみたしていない。よって，浅井君は表 7-29 の一対比較行列をもう一度検証することとした。

表 7-29 を見ると，(2, 5) 要素がおかしいと浅井君は思い，(2, 5) 要素の値「5」を「1」に変更した。そして新しい一対比較行列から，調和平均を用いてウェイトを推定し，同時に整合度 C.I.H. も計算した。

表 7-37

レジャー施設	A	B	C	D	E	調和平均	ウェイト
A	1	3	5	7	1	$\frac{5}{1+\frac{1}{3}+\frac{1}{5}+\frac{1}{7}+1}=1.868$	$\frac{1.868}{4.826}=0.387$
B	1/3	1	3	7	1	$\frac{5}{3+1+\frac{1}{3}+\frac{1}{7}+1}=0.913$	$\frac{0.913}{4.826}=0.189$
C	1/5	1/3	1	3	1/5	$\frac{5}{5+3+1+\frac{1}{3}+5}=0.349$	$\frac{0.349}{4.826}=0.072$
D	1/7	1/7	1/3	1	1/7	$\frac{5}{7+7+3+1+7}=0.200$	$\frac{0.200}{4.826}=0.041$
E	1	1	5	7	1	$\frac{5}{1+1+\frac{1}{5}+\frac{1}{7}+1}=1.496$	$\frac{1.496}{4.826}=0.310$

和 4.826

表 7-37 より，整合度 C.I.H. は

$$\text{C. I. H.}=\frac{5}{4.826}-1=0.036$$

であるので，C.I.H. ≦ 0.07 をみたしている。そして，表 7-29 と表 7-37 を比較すると，沖縄のウェイトが増加しているので，この新しい一対比較行列を用いても，浅井君の行き先は沖縄である。

第 8 章

不完全情報の AHP

n 個の項目間で一対比較を行うとき，一部の項目間に充分な情報がない場合には，その部分の一対比較値を欠落させた一対比較行列を作成し，この不完全な一対比較行列からウェイトを推定する。

たとえば，AHP を甲子園の高校野球に適用し，出場校の順位づけを行うために一対比較行列を作成すると，トーナメント戦のためすべてのチームと対戦しないので，一対比較行列は虫食い状態になる。このように不完全な一対比較行列を扱う AHP を，不完全情報の AHP という。不完全情報の AHP では，Harker 法が有名である。Harker 法は Saaty の固有値法を基礎としているので，第 4 章の AHP の固有値問題を連係させると多くの変形が作成できる。左 Harker 法，スペクトル Harker 法などがある。

§ 8.1 Harker 法

不完全な一対比較行列

$$A = \begin{pmatrix} 1 & a_{12} & & a_{14} \\ a_{21} & 1 & a_{23} & \\ & a_{32} & 1 & \\ a_{41} & & & 1 \end{pmatrix}$$

から，ウェイト $\boldsymbol{w} = (w_1, w_2, w_3, w_4)^T$ をどう推定するかを考えてみよう。一対比較行列が整合性をみたしていれば，一対比較値は

$$a_{ij} = \frac{w_i}{w_j}$$

と表現できるので，Harker（1989）は一対比較行列の欠落箇所に $\frac{w_i}{w_j}$ を代入した行列 $\tilde{A}$ の主固有ベクトルでウェイトを推定することを提案した。すなわち，方程式

$$(1)\cdots\cdots \begin{pmatrix} 1 & a_{12} & \frac{w_1}{w_3} & a_{14} \\ a_{21} & 1 & a_{23} & \frac{w_2}{w_4} \\ \frac{w_3}{w_1} & a_{32} & 1 & \frac{w_3}{w_4} \\ a_{41} & \frac{w_4}{w_2} & \frac{w_4}{w_3} & 1 \end{pmatrix} \begin{pmatrix} w_1 \\ w_2 \\ w_3 \\ w_4 \end{pmatrix} = \lambda_{max} \begin{pmatrix} w_1 \\ w_2 \\ w_3 \\ w_4 \end{pmatrix}$$

よりウェイト $\boldsymbol{w} = (w_1, w_2, w_3, w_4)^T$ を求めるのが Harker 法である。（1）を展開すると

$$\begin{aligned} w_1 + a_{12}w_2 + w_1 + a_{14}w_4 &= \lambda_{\max} w_1 \\ a_{21}w_1 + w_2 + a_{23}w_3 + w_2 &= \lambda_{\max} w_2 \\ w_3 + a_{32}w_2 + w_3 + w_3 &= \lambda_{\max} w_3 \\ a_{41}w_1 + w_4 + w_4 + w_4 &= \lambda_{\max} w_4 \end{aligned}$$

であり，整理すると

$$\begin{aligned} 2w_1 \quad + a_{12}w_2 \qquad\qquad + a_{14}w_4 &= \lambda_{\max} w_1 \\ a_{21}w_1 + 2w_2 \quad + a_{23}w_3 \qquad\qquad &= \lambda_{\max} w_2 \\ a_{32}w_2 + 3w_3 \qquad\qquad &= \lambda_{\max} w_3 \\ a_{41}w_1 \qquad\qquad\qquad + 3w_4 &= \lambda_{\max} w_4 \end{aligned}$$

を得る。これを行列表示すると，

$$(2)\cdots\cdots\begin{pmatrix} 2 & a_{12} & 0 & a_{14} \\ a_{21} & 2 & a_{23} & 0 \\ 0 & a_{32} & 3 & 0 \\ a_{41} & 0 & 0 & 3 \end{pmatrix}\begin{pmatrix} w_1 \\ w_2 \\ w_3 \\ w_4 \end{pmatrix} = \lambda_{\max}\begin{pmatrix} w_1 \\ w_2 \\ w_3 \\ w_4 \end{pmatrix}$$

である。(2) の左辺の行列を A_H と表記すると，Harker 法は行列 A_H の主固有ベクトルでウェイト $\boldsymbol{w}$ を求める手法である。すなわち，Harker 法は

1) 欠落箇所に 0 を代入する。
2) 対角要素には，その行の欠落箇所の個数に 1 を加えた数を代入する。

に従って作成した行列 A_H の主固有ベクトルでウェイトを推定する。

Harker 法の特徴は

(a) 一対比較行列が整合性をみたせば，一対比較値は

$$a_{ij} = \frac{w_i}{w_j}$$

と表現できるので，欠落箇所に $\frac{w_i}{w_j}$ を代入する。

(b) (a) で求まった行列の主固有ベクトルでウェイトを推定する。

の 2 点である。

次節では，特徴 (b) の Saaty の固有値法を左固有値法とスペクトル固有値法に変えた推定方法について解説する。さらに，§ **8.3** では整合性の条件を行列のベキ等性の観点からとらえた方法について説明する。

§ 8.2 左Harker 法とスペクトル Harker 法

まず，左固有値法にもとづく左 Harker 法を解説しよう。第 4 章の AHP の固有値問題のところで説明したように，左固有値法は一対比較行列 A の転置行列 A^T の主固有ベクトルを $\boldsymbol{g} = (g_1, g_2, \cdots, g_n)^T$ とすると，各要素を逆数にしたベクトル

$$\boldsymbol{g}^{-1} = \begin{pmatrix} \frac{1}{g_1} \\ \frac{1}{g_2} \\ \vdots \\ \frac{1}{g_n} \end{pmatrix}$$

でウェイトを推定する方法である。不完全な一対比較行列

$$A = \begin{pmatrix} 1 & a_{12} & & a_{14} \\ a_{21} & 1 & a_{23} & \\ & a_{32} & 1 & \\ a_{41} & & & 1 \end{pmatrix}$$

の欠落箇所に $\frac{w_i}{w_j}$ を代入した行列 $\tilde{A}$ の転置行列の主固有ベクトルの要素の逆数でウェイトを推定する方法を左 Harker 法と呼ぶ。

左固有値法では，ウェイトは

$$\boldsymbol{w} = \begin{pmatrix} \frac{1}{g_1} \\ \frac{1}{g_2} \\ \frac{1}{g_3} \\ \frac{1}{g_4} \end{pmatrix}$$

で与えられるので，左 Harker 法は方程式

$$(3)\cdots\cdots \begin{pmatrix} 1 & a_{21} & \frac{w_3}{w_1} & a_{41} \\ a_{12} & 1 & a_{32} & \frac{w_4}{w_2} \\ \frac{w_1}{w_3} & a_{23} & 1 & \frac{w_4}{w_3} \\ a_{14} & \frac{w_2}{w_4} & \frac{w_3}{w_4} & 1 \end{pmatrix} \begin{pmatrix} \frac{1}{w_1} \\ \frac{1}{w_2} \\ \frac{1}{w_3} \\ \frac{1}{w_4} \end{pmatrix} = \lambda_{\max} \begin{pmatrix} \frac{1}{w_1} \\ \frac{1}{w_2} \\ \frac{1}{w_3} \\ \frac{1}{w_4} \end{pmatrix}$$

よりウェイト $\boldsymbol{w} = (w_1, w_2, w_3, w_4)^T$ を求める方法である。(3) を展開すると，

$$\begin{aligned} &1/w_1 + a_{21}/w_2 + 1/w_1 + a_{41}/w_4 = \lambda_{\max}/w_1 \\ &a_{12}/w_1 + 1/w_2 + a_{32}/w_3 + 1/w_2 = \lambda_{\max}/w_2 \\ &1/w_3 + a_{23}/w_2 + 1/w_3 + 1/w_3 = \lambda_{\max}/w_3 \\ &a_{14}/w_1 + 1/w_4 + 1/w_4 + 1/w_4 = \lambda_{\max}/w_4 \end{aligned}$$

であり，これを整理すると

$$(4)\cdots\cdots \begin{pmatrix} 2 & a_{21} & 0 & a_{41} \\ a_{12} & 2 & a_{32} & 0 \\ 0 & a_{23} & 3 & 0 \\ a_{14} & 0 & 0 & 3 \end{pmatrix} \begin{pmatrix} \frac{1}{w_1} \\ \frac{1}{w_2} \\ \frac{1}{w_3} \\ \frac{1}{w_4} \end{pmatrix} = \lambda_{\max} \begin{pmatrix} \frac{1}{w_1} \\ \frac{1}{w_2} \\ \frac{1}{w_3} \\ \frac{1}{w_4} \end{pmatrix}$$

を得る。(4) の左辺の行列の転置行列を A_{LH} とおくと，左 Harker 法は行列 A_{LH} の転置行列の主固有ベクトルの要素の逆数でウェイトを推定する手法である。すなわち，左 Harker 法は

3）欠落箇所に 0 を代入する。

4）対角要素には，その列の欠落箇所の個数に 1 を加えた数を代入する。

に従って作成した行列 A_{LH} の転置行列の主固有ベクトルの要素の逆数で

ウェイトを推定する。

一対比較行列は，一般に逆数性

$$a_{ji} = \frac{1}{a_{ij}}$$

を仮定しているので，欠落箇所の対称な位置も欠落箇所となる。よって，Harker 法の基本行列 A_H と左 Harker 法の基本行列 A_{LH} とは等しい。一方，第 4 章で解説したスペクトル固有値法は，

$$A\boldsymbol{h} = \lambda_{\max}\boldsymbol{h}$$

$$A^T\boldsymbol{g} = \lambda_{\max}\boldsymbol{g}$$

をみたす A の主固有ベクトル $\boldsymbol{h}$ と A^T の主固有ベクトル $\boldsymbol{g}$ を用いて，

$$\hat{w}_i = \sqrt{\frac{h_i}{g_i}} \quad , i = 1, 2, \cdots, n$$

でウェイトを推定する方法である。すなわち，スペクトル固有値法は，Saaty の固有値法の推定値 h_i と左固有値法の推定値 $1/g_i$ の幾何平均でウェイトを推定する方法である。よって，Harker 法の特徴 (b) の Saaty の固有値法をスペクトル固有値法に変えると，Harker 法の基本行列 A_H の主固有ベクトル $\boldsymbol{h}$ と A_H^T の主固有ベクトル $\boldsymbol{g}$ を用いて，不完全な一対比較行列 A からウェイトを

$$\hat{w}_i = \sqrt{\frac{h_i}{g_i}}$$

で推定することになる。これをスペクトル Harker 法と呼ぶことにする。

§ 8.3 ベキ等性に着目した不完全情報のAHP

一対比較行列 A が整合性をみたしていると，A の固有値は $n, 0, 0, \cdots, 0$

である。すなわち，

$$S_p(A) = \{n, 0, 0, \cdots, 0\}$$

である。ゆえに $\frac{1}{n}A$ の固有値は，

$$S_p\left(\frac{1}{n}A\right) = \{1, 0, 0, \cdots, 0\}$$

となる。数 1 と 0 は，ベキ等性 $x^2 = x$ をみたす数である。よって，A が整合性をみたしていれば，行列 $\frac{1}{n}A$ はベキ等行列（idempotent matrix）であることが想像される。すなわち，

$$\left(\frac{1}{n}A\right)^2 = \frac{1}{n}A$$

であるので，A が整合性をみたしていれば，

$$(5) \cdots\cdots A = \frac{1}{n}A^2$$

である。これを要素で表現すると，

$$(6) \cdots\cdots a_{ij} = \frac{1}{n}\sum_{k=1}^{n} a_{ik}a_{kj}$$

がすべての i，j について成立する。

もし，A が不完全情報ならば，

$$I_{ij} = \{k \mid a_{ik}a_{kj} \text{が計算可能}\}$$

を用いて，(6) より欠落箇所の一対比較値の推定量を

$$(7) \cdots\cdots \hat{a}_{ij} = \frac{1}{|I_{ij}|}\sum_{k \in I_{ij}} a_{ik}a_{kj}$$

で与える。ここで，$|I_{ij}|$ は I_{ij} の要素の個数である。そして，欠落箇所に $\hat{a}_{ij}$ を代入して完全な一対比較行列 A_I を作成し（対称な位置には $1/\hat{a}_{ij}$ を代入する），A_I よりウェイトを推定する。

この方法は，Harker 法を説明した不完全な一対比較行列

$$A = \begin{pmatrix} 1 & a_{12} & & a_{14} \\ a_{21} & 1 & a_{23} & \\ & a_{32} & 1 & \\ a_{41} & & & 1 \end{pmatrix}$$

には適用不可能である。なぜなら，

$$I_{34} = \phi$$

であるからである。ここで，ϕ は空集合である。そこで，不完全な一対比較行列

$$A = \begin{pmatrix} 1 & a_{12} & & a_{14} \\ a_{21} & 1 & a_{23} & \\ & a_{32} & 1 & a_{34} \\ a_{41} & & a_{43} & 1 \end{pmatrix}$$

でこの方法を解説する。さて，

$$I_{13} = \{2, 4\}$$

$$I_{24} = \{1, 3\}$$

であるので，欠落箇所の推定値は

$$\hat{a}_{13} = \frac{1}{2}\sum_{k \in I_{13}} a_{1k}a_{k3} = \frac{1}{2}(a_{12}a_{23} + a_{14}a_{43})$$

$$\hat{a}_{24} = \frac{1}{2} \sum_{k \in I_{24}} a_{2k} a_{k4} = \frac{1}{2}(a_{21}a_{14} + a_{23}a_{34})$$

であるので，

$$A_I = \begin{pmatrix} 1 & a_{12} & \hat{a}_{13} & a_{14} \\ a_{21} & 1 & a_{23} & \hat{a}_{24} \\ 1/\hat{a}_{13} & a_{32} & 1 & a_{34} \\ a_{41} & 1/\hat{a}_{24} & a_{43} & 1 \end{pmatrix}$$

が求まり，これよりウェイトが推定できる。

§ **2.2** の最初の一対比較行列を不完全にした，

$$A = \begin{pmatrix} 1 & 5 & & 3 \\ 1/5 & 1 & 1/5 & \\ & 5 & 1 & 7 \\ 1/3 & & 1/7 & 1 \end{pmatrix}$$

から，ベキ等性に着目した手法でウェイトを推定してみよう。さて，

$$\hat{a}_{13} = \frac{1}{2}\left(5 \times \frac{1}{5} + 3 \times \frac{1}{7}\right) = \frac{1}{2} \times \frac{10}{7} = \frac{5}{7}$$

$$\hat{a}_{24} = \frac{1}{2}\left(\frac{1}{5} \times 3 + \frac{1}{5} \times 7\right) = \frac{1}{2} \times \frac{10}{5} = 1$$

であるから，ベキ等性に着目した不完全情報の AHP の基本行列は

$$A_I = \begin{pmatrix} 1 & 5 & 5/7 & 3 \\ 1/5 & 1 & 1/5 & 1 \\ 7/5 & 5 & 1 & 7 \\ 1/3 & 1 & 1/7 & 1 \end{pmatrix}$$

である。この行列から最大値，最小値，幾何平均と調和平均を用いて，ウェイトを推定してみよう。まず，最大値を用いて求めてみよう。

表 8-1

	安全性	値　段	大きさ	デザイン	最大値	ウェイト
安全性	1	5	5/7	3	5	$\frac{5}{14} = 0.357$
値　段	1/5	1	1/5	1	1	$\frac{1}{14} = 0.071$
大きさ	7/5	5	1	7	7	$\frac{7}{14} = 0.500$
デザイン	1/3	1	1/7	1	1	$\frac{1}{14} = 0.071$

和 14

これを，表 2-5 と比較すると，デザインの重要度に差が生じている。つぎに最小値，幾何平均，調和平均を用いて，ウェイトを推定する。

表 8-2

	安全性	値　段	大きさ	デザイン	最小値	ウェイト
安全性	1	5	5/7	3	$\frac{5}{7} = 0.714$	$\frac{0.714}{2.057} = 0.347$
値　段	1/5	1	1/5	1	$\frac{1}{5} = 0.200$	$\frac{0.200}{2.057} = 0.097$
大きさ	7/5	5	1	7	$1 = 1.000$	$\frac{1.000}{2.057} = 0.486$
デザイン	1/3	1	1/7	1	$\frac{1}{7} = 0.143$	$\frac{0.143}{2.057} = 0.070$

和 2.057

表 8-3

	安全性	値　段	大きさ	デザイン	幾何平均	ウェイト
安全性	1	5	5/7	3	$\sqrt[4]{1 \times 5 \times \frac{5}{7} \times 3} = 1.809$	$\frac{1.809}{5.369} = 0.337$
値　段	1/5	1	1/5	1	$\sqrt[4]{\frac{1}{5} \times 1 \times \frac{1}{5} \times 1} = 0.447$	$\frac{0.447}{5.369} = 0.083$
大きさ	7/5	5	1	7	$\sqrt[4]{\frac{7}{5} \times 5 \times 1 \times 7} = 2.646$	$\frac{2.646}{5.369} = 0.493$
デザイン	1/3	1	1/7	1	$\sqrt[4]{\frac{1}{3} \times 1 \times \frac{1}{7} \times 1} = 0.467$	$\frac{0.467}{5.369} = 0.087$

和 5.369

表 8-4

	安全性	値段	大きさ	デザイン	調和平均	ウェイト
安全性	1	5	5/7	3	$\frac{4}{1+\frac{1}{5}+\frac{7}{5}+\frac{1}{3}}=1.071$	$\frac{1.071}{3.681}=0.291$
値　段	1/5	1	1/5	1	$\frac{4}{5+1+5+1}=0.333$	$\frac{0.333}{3.681}=0.090$
大きさ	7/5	5	1	7	$\frac{4}{\frac{5}{7}+\frac{1}{5}+1+\frac{1}{7}}=1.944$	$\frac{1.944}{3.681}=0.528$
デザイン	1/3	1	1/7	1	$\frac{4}{3+1+7+1}=0.333$	$\frac{0.333}{3.681}=0.090$

和 3.681

以上のように，ベキ等性に着目した手法は，一般平均法が使用可能であるので，固有値法を用いるHarker法にくらべると計算が簡単である。しかし，Harker法を説明したときの不完全な一対比較行列の場合には，この手法は適用不可能であった。

適用可能性を調べるためには，不完全な一対比較行列において，一対比較値がある位置には「1」を代入し，欠落箇所には「0」を代入した行列を用いる。この行列を記号 I で表示する。そのとき，I^2 の行列に「0」の要素がなければ，ベキ等性に着目した手法は適用可能である。そして，I^2 の (i, j) 要素は，$|I_{ij}|$ が対応している。Harker法を説明した不完全な一対比較行列は

$$A = \begin{pmatrix} 1 & a_{12} & & a_{14} \\ a_{21} & 1 & a_{23} & \\ & a_{32} & 1 & \\ a_{41} & & & 1 \end{pmatrix}$$

であるので，この行列に対しては

$$I = \begin{pmatrix} 1 & 1 & 0 & 1 \\ 1 & 1 & 1 & 0 \\ 0 & 1 & 1 & 0 \\ 1 & 0 & 0 & 1 \end{pmatrix}$$

が対応する。このとき，

$$I^2 = \begin{pmatrix} 3 & 2 & 1 & 2 \\ 2 & 3 & 2 & 1 \\ 1 & 2 & 2 & 0 \\ 2 & 1 & 0 & 2 \end{pmatrix}$$

であるので，この場合はベキ等性に着目した手法は適用不可能である。すなわち，I^2 の $(3,4)$ 要素が 0 であるので，これは

$$I_{34} = \phi$$

を意味している。この手法を適用した不完全な一対比較行列は

$$A = \begin{pmatrix} 1 & a_{12} & & a_{14} \\ a_{21} & 1 & a_{23} & \\ & a_{32} & 1 & a_{34} \\ a_{41} & & a_{43} & 1 \end{pmatrix}$$

であるので，

$$I = \begin{pmatrix} 1 & 1 & 0 & 1 \\ 1 & 1 & 1 & 0 \\ 0 & 1 & 1 & 1 \\ 1 & 0 & 1 & 1 \end{pmatrix}$$

である。よって，

$$I^2 = \begin{pmatrix} 3 & 2 & 2 & 2 \\ 2 & 3 & 2 & 2 \\ 2 & 2 & 3 & 2 \\ 2 & 2 & 2 & 3 \end{pmatrix}$$

であるから，適用可能である。そして，

$$I_{13} = \{2, 4\}$$

$$I_{24} = \{1, 3\}$$

であるから，I^2 の（1, 3）要素と（2, 4）要素には「2」が入っている。

最後に，欠落箇所の一対比較値の推定量（7）の拡張を与えておく。整合性はすべての i，j，k に対して

$$a_{ij} = a_{ik}a_{kj}$$

が成立することであった。よって，両辺を r 乗すると

$$a_{ij}^r = a_{ik}^r a_{kj}^r \quad , r \neq 0$$

であるので，A が整合性をみたしていれば，すべての i，j に対して（6）と同様に

$$a_{ij}^r = \frac{1}{n}\sum_{k=1}^{n} a_{ik}^r a_{kj}^r \quad , r \neq 0$$

が成り立つ。両辺の r 乗根をとれば，

$$(8) \cdots\cdots a_{ij} = \left(\frac{1}{n}\sum_{k=1}^{n} a_{ik}^r a_{kj}^r\right)^{1/r} \quad , r \neq 0$$

である。(8) において，$r \to 0$ とすると，

$$(9) \cdots\cdots a_{ij} = \sqrt[n]{\prod_{k=1}^{n} a_{ik} a_{kj}}$$

である。ゆえに, (7) と同様にして，欠落箇所の一対比較値の推定量を

$$(10) \cdots\cdots a_{ij}^{(r)} = \begin{cases} \left(\frac{1}{|I_{ij}|} \sum_{k \in I_{ij}} a_{ik}^{r} a_{kj}^{r}\right)^{1/r} & , r \neq 0 \\ \left(\prod_{k \in I_{ij}} a_{ik} a_{kj}\right)^{1/|I_{ij}|} & , r = 0 \end{cases}$$

で与えることができる。(7) 式の推定量は, (10) 式において $r = 1$ の場合である。

注意：Harker 法を説明した不完全な一対比較行列

$$A = \begin{pmatrix} 1 & a_{12} & & a_{14} \\ a_{21} & 1 & a_{23} & \\ & a_{32} & 1 & \\ a_{41} & & & 1 \end{pmatrix}$$

に対して，本節で提案したベキ等性に着目した手法は適用不可能であった。それは，(7) 式で欠落箇所を推定するときに，I^2 の $(3, 4)$ 要素が 0 であるので，$I_{34} = \phi$ であったからである。しかし，A が整合性をみたせば，$\frac{1}{n}A$ はベキ等行列であるので，

$$\frac{1}{n}A = \left(\frac{1}{n}A\right)^3$$

も成立するので

$$(11) \cdots\cdots A = \frac{1}{n^2}A^3$$

を得る。これを要素で表現すると

$$(12) \cdots\cdots a_{ij} = \frac{1}{n^2}\sum_{k=1}^{n}\sum_{h=1}^{n} a_{ik}\, a_{kh}\, a_{hj}$$

がすべての i，j に対して成立する。

もし，A が不完全な一対比較行列ならば

$$I_{ij} = \{(k, h) \mid a_{ik}\, a_{kh}\, a_{hj} \text{が計算可能}\}$$

を用いて,（12）式より欠落箇所の一対比較値の推定量を

$$(13)\cdots\cdots \hat{a}_{ij} = \frac{1}{|I_{ij}|}\sum_{(k,h)\in I_{ij}} a_{ik}\,a_{kh}\,a_{hj}$$

で与える。この場合には,

$$I^3 = \begin{pmatrix} 7 & 6 & 3 & 5 \\ 6 & 7 & 5 & 3 \\ 3 & 5 & 4 & 1 \\ 5 & 3 & 1 & 4 \end{pmatrix}$$

であるので,（13）式で欠落箇所を推定する手法は適用可能となる。ところで，I^3 の $(3,4)$ 要素は 1 である。すなわち

$$I_{34} = \{(2,1)\}$$

であるので，一対比較行列 A の $(3,4)$ 要素は

$$\hat{a}_{34} = a_{32}\,a_{21}\,a_{14}$$

で推定可能である。

第 9 章

A N P

AHP の発展モデルとして，Saaty による「ANP（Analytic Network Process）」がある。ANP については，Sekitani - Takahashi（2001）の優れた解説があるが，本章では別の解釈を与える。

§ 9.1 ANP とは

AHP が人事の評価に適用されることがある。AHP では評価される側の意見が反映されないので，AHP を用いて人事評価を実施した組織では，不公平と感じる人が多く存在した。そこで，評価される側の意見も取り入れることを可能にしたネットワーク型の手法を 1990 年代に AHP の開発者 Saaty が提案した。この手法を ANP（Analytic Network Process）という。ANP を端的にいうと，**§ 9.2** の ANP の手順のところで求める確率行列 S（Saaty はこれを「超行列」と名づけた）の定常分布でウェイト・ベクトルを推定する手法である。

手法に「公平さ」を加味すると，この「公平さ」を悪用する状況も存在する。**§ 9.3** では，その 1 つの例題を取り上げ，マルコフ連鎖のエルゴート定理を通して，ANP の構造的問題を指摘する。そして，**§ 9.4** では，現在までに提案されたANPの修正方法を紹介する。

§9.2 ANPの手順

§**1.1**で説明したようにAHPでは，まず評価項目間の一対比較より評価項目のウェイト・ベクトル $\boldsymbol{x}$ を求め，つぎに各評価項目のもとで代替案間の一対比較を行い，その一対比較行列から評価項目 C_j のもとでの代替案のウェイト・ベクトル $\boldsymbol{w}_j$ を求め，それを列ベクトルとする行列 W を用いて，代替案のウェイト・ベクトル（総合得点）$\boldsymbol{y}$ を

(1)……$\boldsymbol{y} = W\boldsymbol{x}$

で求める。

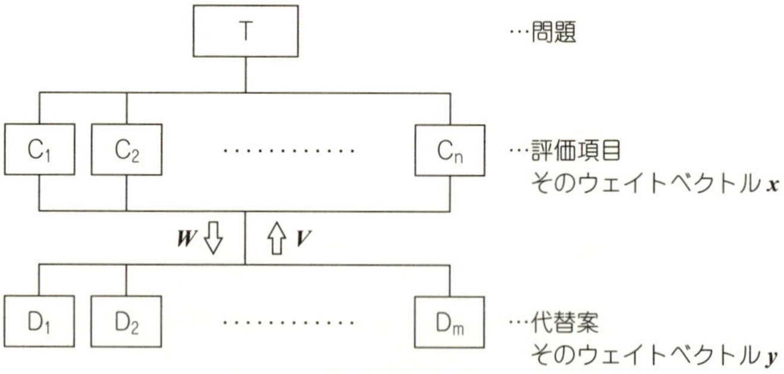

図9-1

各代替案は，どの評価項目に重点をおいているかも意思決定の上で重要な情報であるので，各代替案ごとに評価項目間の一対比較を行い，その一対比較行列から代替案 D_i のもとでの評価項目のウェイト・ベクトル $\boldsymbol{v}_i$ を求め，それを列ベクトルとする行列を V とおくと，(1) と同様にして

(2)……$\boldsymbol{x} = V\boldsymbol{y}$

なる関係式も成立する。ANPでは，この（1），（2）よりウェイト・ベクトルを求めるのである。すなわち，

$$\boldsymbol{z} = \begin{pmatrix} \boldsymbol{x} \\ \boldsymbol{y} \end{pmatrix} \quad , S = \begin{pmatrix} 0 & V \\ W & 0 \end{pmatrix}$$

とおくと，（1），（2）より

$$(3) \cdots\cdots \boldsymbol{z} = S\boldsymbol{z}$$

を得る。式（3）をANPの基本方程式といい，列和が1の確率行列 S をSaatyは超行列（Super Matrix）と名付けた。そして，基本方程式（3）よりウェイト・ベクトル $\boldsymbol{z}$ を求めるのがANPである。

ANPの手順を簡単に示そう。まず，評価項目 C_j のもとで代替案間の一対比較を行い，その一対比較行列を A_j とおき，A_j から推定したウェイト・ベクトルを $\boldsymbol{w}_j$ とおく。そして，$\boldsymbol{w}_j$ を列ベクトルとする行列を W とする。つぎに，代替案 D_i のもとで評価項目間の一対比較を行い，その一対比較行列を B_i とおき，B_i から推定したウェイト・ベクトルを $\boldsymbol{v}_i$ とおく。そして，$\boldsymbol{v}_i$ を列ベクトルとする行列を V とすれば，超行列

$$S = \begin{pmatrix} 0 & V \\ W & 0 \end{pmatrix}$$

が求まる。この S を用いて，基本方程式（3）を解いて，ウェイト・ベクトル $\boldsymbol{y}$ を求める。

§9.3　ANPの問題点──例題を通して──

超行列 S は確率行列であるので，S を推移確率行列とするマルコフ連鎖を考えると，このマルコフ連鎖は状態空間が $\{1, 2, 3, \cdots, m+n\}$ の有限

マルコフで，すべての状態は互いに到達可能であるので，マルコフ連鎖は既約（irreducible）である。ゆえに，基本方程式（3）の解は存在し，(3) をみたす確率分布を定常分布（stationary distribution）という。超行列 S の最大固有値は 1 であるので，基本方程式（3）の解を主固有ベクトルと解釈してもよい。

もし，自然数 t_0 が存在して

$$(4) \cdots\cdots S^{t_0} > 0$$

が成立すれば，S を「エルゴード的」という。このマルコフ連鎖は既約であるので，各状態の周期は等しく，この周期が 1，すなわちマルコフ連鎖が非周期的（aperiodic）であれば，(4) をみたす自然数 t_0 が存在する。

［**Theorem**（マルコフ連鎖のエルゴード定理）］

S がエルゴード的であれば，

1）$\boldsymbol{z} = S\boldsymbol{z}$

2）$\lim_{t\to\infty} S^t = (\boldsymbol{z}, \boldsymbol{z}, \cdots, \boldsymbol{z})$

をみたすただ 1 つの確率分布 $\boldsymbol{z}$ が存在する。

エルゴード定理より，任意の初期分布 $\boldsymbol{z}_0$ に対して

$$(5) \cdots\cdots \boldsymbol{z} = \lim_{t\to 0} S^t \boldsymbol{z}_0$$

から定常分布 $\boldsymbol{z}$ が求まる。S がエルゴード的でない場合には，単位行列 I を用いて

$$(6) \cdots\cdots S_\alpha = \alpha I + (1-\alpha)S, \quad 0 < \alpha < 1$$

とおくと，S_α はエルゴード的になり，S_α の定常分布は S の定常分布である。以上より，ANP は超行列 S の定常分布を求め，それを各項目のウェ

イトとする手法である。よって，ANP は「エルゴード的手法」である。ところで,「エルゴード性」は時刻 t での系の状態の分布が $t \to \infty$ に伴い，ある意味で初期状態を“忘れていく”ことを意味する（式（5））。よって，初期状態からあまりにも離れた解となる場合があり，そのときに解を受け入れるのが難しい状況が生じる。

いま，m 人の学生が n 教科の授業を受け，n 人の先生の学生への評価から m 人の学生の評価を求める例題を考える。このとき，学生による n 人の先生への評価結果も重要であるので ANP で解析を行う。

n 人の先生による m 人の学生の評価は

$$(7) \cdots\cdots W = \begin{pmatrix} 1-(m-1)p & 1/m & \cdots & 1/m \\ p & 1/m & \cdots & 1/m \\ \vdots & \vdots & & \vdots \\ p & 1/m & \cdots & 1/m \end{pmatrix}$$

である。ここで，p は充分小さい正数とする。1 人の先生以外は，m 人の学生の能力はすべて同じであると評価している。一方，学生による n 人の先生の評価は,

$$(8) \cdots\cdots V = \begin{pmatrix} 1 & 0 & \cdots & 0 \\ 0 & 1/(n-1) & \cdots & 1/(n-1) \\ \vdots & \vdots & & \vdots \\ 0 & 1/(n-1) & \cdots & 1/(n-1) \end{pmatrix}$$

であり，1 人の学生以外は，学生に特殊な評価を与えた先生への評価は 0 で，それ以外の（$n-1$）人の先生の教え方の能力は同じであるといっている。このとき，超行列

$$S = \begin{pmatrix} 0 & V \\ W & 0 \end{pmatrix}$$

に対する基本方程式（3）の解（定常分布）を求めると，

$$\boldsymbol{z} = \begin{pmatrix} \boldsymbol{x} \\ \boldsymbol{y} \end{pmatrix} \quad , \boldsymbol{x} = \begin{pmatrix} a \\ 1 \\ \vdots \\ 1 \end{pmatrix} \quad , \boldsymbol{y} = \begin{pmatrix} a \\ (n-1)/(m-1) \\ \vdots \\ (n-1)/m-1) \end{pmatrix}$$

である。ここで，$a = \frac{n-1}{pm(m-1)}$ である。いま，$n = 4$，$m = 5$，$p = \frac{1}{40}$ とすると，

$$\boldsymbol{x} = \begin{pmatrix} 2/3 \\ 1/9 \\ 1/9 \\ 1/9 \end{pmatrix} \quad , \boldsymbol{y} = \begin{pmatrix} 2/3 \\ 1/12 \\ 1/12 \\ 1/12 \\ 1/12 \end{pmatrix}$$

となる。

この結果を見ると，4 人の学生が評価 0 とした先生が最も優れていると評価した学生が 1 人高い得点を得ている。このとき，もし $p \to 0$ とするならば，1 人の先生と 1 人の学生のみが高得点を得て，他はみな 0 となってしまう。これは，n や m がいくつであっても起こることであり，特定の 2 人が結託をすると，その結果は多くの人が疑問を感じるものとなる。

§ 9.4 修正ANP

本節では，関谷和之，小沢正典，岸善徳による修正 ANP を紹介する。

(1) 関谷の方法

超行列 S から外部評価 $\boldsymbol{h}$ と $\theta > 1$ を用いて，行列

$$S_\theta = \begin{pmatrix} \theta & 0 \cdots 0 \\ \boldsymbol{h} & S \end{pmatrix}$$

を作成する。そして，S_θ の主固有ベクトル $\boldsymbol{z}$，すなわち

$$(9) \cdots\cdots \quad S_\theta \boldsymbol{z} = \lambda_{\max} \boldsymbol{z}$$

の解で ANP のウェイトを求める。ここで，θ の値を大きくすると，外部評価 $\boldsymbol{h}$ がウェイト $\boldsymbol{z}$ に大きく反映する。

(2) 小沢の方法

外部評価 $\boldsymbol{h}$ を用いて，ANP の基本方程式（3）の代わりに

$$(10) \cdots\cdots \quad \boldsymbol{z} = S(\alpha \boldsymbol{z} + (1-\alpha)\boldsymbol{h}) \quad ,0 < \alpha < 1$$

の解で ANP のウェイトを求める。小沢の方法は，行列

$$S_\alpha = \begin{pmatrix} 1/\alpha & 0 \cdots 0 \\ S\boldsymbol{h} & S \end{pmatrix}$$

の主固有ベクトルの解と一致する。すなわち,（10）は,

$$(11) \cdots\cdots S_\alpha z = \lambda_{\max} \boldsymbol{z}$$

と同値である。よって，関谷の方法との違いは，外部評価を $\boldsymbol{S h}$ で反映させるのが小沢の方法である。

(3) 岸の方法

超行列 S の列の最大値を 1 とした行列を S_k とし，S_k の主固有ベクトル $\boldsymbol{z}$，すなわち

$$(12) \cdots\cdots S_k \boldsymbol{z} = \lambda_{\max} \boldsymbol{z}$$

の解で ANP のウェイトを求める。前節の学生と教師の例では，

$$S = \begin{pmatrix} & & & & 1 & 0 & \cdots & 0 \\ & \boldsymbol{0} & & & 0 & 1/(n-1) & \cdots & 1/(n-1) \\ & & & & \vdots & \vdots & & \vdots \\ & & & & 0 & 1/(n-1) & \cdots & 1/(n-1) \\ 1-(m-1)p & 1/m & \cdots & 1/m & & & & \\ p & 1/m & \cdots & 1/m & & & & \\ \vdots & \vdots & & \vdots & & \boldsymbol{0} & & \\ p & 1/m & \cdots & 1/m & & & & \end{pmatrix}$$

であるので，岸の行列は，

$$S_k = \begin{pmatrix} & & & & 1 & 0 & \cdots & 0 \\ & \boldsymbol{0} & & & 0 & 1 & \cdots & 1 \\ & & & & \vdots & \vdots & & \vdots \\ & & & & 0 & 1 & \cdots & 1 \\ 1 & 1 & \cdots & 1 & & & & \\ b & 1 & \cdots & 1 & & & & \\ \vdots & \vdots & & \vdots & & \boldsymbol{0} & & \\ b & 1 & \cdots & 1 & & & & \end{pmatrix}$$

となる。ここで，$b = \dfrac{p}{1-(m-1)p}$ である。

関谷，小沢の方法では $\theta \to \infty (\alpha \to 0)$ とすると，外部評価 $\boldsymbol{h}$ がウェイト $\boldsymbol{z}$ に大きく反映する。岸の方法は，特別扱いをした先生と特別扱いを受けた学生以外の先生と学生の意見を ANP より重く受け止める手法である。

第10章

AHP を適用するために——まとめ

AHP は 1970 年代に T. L. Saaty により開発された意思決定の手法であり，現在では広く社会に受け入れられている。しかし，Saaty が主張した主固有ベクトルと幾何平均では，理系の教育を受けていない人には適用不可能と思える。そこで，AHP を適用したい人が，いままでに親しんだ平均法で AHP を使用することをすすめたい。第 2 章で最大値を用いたのは，すべての計算が分数で可能であるからである。

一方，AHP は適用した人の主観的判断が入るので，この結果を用いて組織のメンバーを説得するときに，この手法の客観性が問題になる。そこで，本書では AHP の理論構造の説明に多くの紙数をさいた。幾何平均，調和平均と最大値を含む一般平均法では，整合性のずれを表す確率変数 ε_{ij} の分布の違いによって，それぞれの平均法がウェイトの最小 2 乗推定量となることを示した。しかし，一般に確率変数 ε_{ij} がどういう分布に従うかを判断することは難しい。

AHP の固有値問題では

$$a_{ij} = \frac{w_i}{w_j}\varepsilon_{ij}$$

の表現において，ε_{ij} を行列表示した行列

$$B=(\varepsilon_{ij})=\left(a_{ij}\frac{w_j}{w_i}\right)$$

を誤差行列と呼び，誤差行列のノルム最小化問題を考えた。行列ノルムとして有名なものに，従属ノルム（Dependent Norm）がある。これはベクトル・ノルム

$$\|\boldsymbol{x}\|_p=\left(\sum_{i=1}^{n}|x_i|^p\right)^{1/p}\quad ,1\leqq p\leqq\infty$$

を用いて，

$$\|B\|_p=\max_{x\neq 0}\frac{\|B\boldsymbol{x}\|_p}{\|\boldsymbol{x}\|_p}\quad ,1\leqq p\leqq\infty$$

で与えられる。この従属ノルムのもとでの誤差行列のノルム最小化問題を考える。

問題〈**M**〉

$$\min_{\boldsymbol{w}>\boldsymbol{0}}\|B\|_p=\min_{\boldsymbol{w}>\boldsymbol{0}}\max_{\boldsymbol{x}\neq\boldsymbol{0}}\frac{\|B\boldsymbol{x}\|_p}{\|\boldsymbol{x}\|_p}$$

この問題の最適解は，$p=\infty$ のとき，

$$\hat{w}_i=h_i\quad ,A\boldsymbol{h}=\lambda_{\max}\boldsymbol{h}$$

で，これが **Saaty** の固有値法で，$p=1$ のとき

$$\hat{w}_i=\frac{1}{g_i}\quad ,A^T\boldsymbol{g}=\lambda_{\max}\boldsymbol{g}$$

で，これを**左固有値法**といい，$p = 2$ のとき

$$\hat{w}_i = \sqrt{\frac{h_i}{g_i}}$$

で，これを**スペクトル固有値法**という。さて，どの固有値法を用いるかを判断するとき，2 点間の違いを最大ノルム，マンハッタン・ノルムまたはユークリッド・ノルムで判定しているかで決まる。

行列ノルムとして，固有値問題では従属ノルムを用いたが，フロベニウス・ノルムも有名である。フロベニウス・ノルムは，

$$\|B\|_F = \left(\sum_i \sum_j b_{ij}^2\right)^{1/2}$$

であるが，より一般に

$$\|B\|_r = \left(\sum_i \sum_j |b_{ij}|^r\right)^{1/r}, 1 \leqq r \leqq \infty$$

をフロベニウス・ノルムと呼ぶ。

誤差行列 $B = (\varepsilon_{ij}) = \left(a_{ij}\frac{w_j}{w_i}\right)$ の $r = 1$ のフロベニウス・ノルムのもとでのノルム最小化問題

問題〈**F**〉

$$\min_{\boldsymbol{w}>\boldsymbol{0}} \sum_i \sum_j a_{ij}\frac{w_j}{w_i}$$

の最適解は

$$(1)\cdots \sum_{k=1}^{n} a_{ik}\frac{w_k}{w_i} = \sum_{k=1}^{n} a_{ki}\frac{w_i}{w_k} \quad \text{for all } i$$

をみたしている。(1) をみたす解 $\boldsymbol{w}$ をさがす問題を，Matrix Balancing Problem という。そして，Matrix Balancing Problem を解く手法としては，Scaling Algorithm が有名である。第 6 章で示したように，AHP の固有値問題と Matrix Balancing Problem の違いは，最大ノルムかマンハッタン・ノルムを用いるかの違いである。

AHP の固有値問題と Matrix Balancing Problem では，誤差行列を評価するのにどのノルムを用いるかと，誤差行列の列和を評価するのか，行和を評価するのかの違いである。これらの判定の方が，ε_{ij} がどの分布に従うのかの判定より容易であると思われる。

一対比較行列の整合度については，以下のようにするとよい。

1) ウェイト・ベクトルを固有値法（Saaty の固有値法，左固有値法，スペクトル固有値法など）で求めた場合には，整合度

$$\text{C.I.} = \frac{\lambda_{\max} - n}{n-1} \leqq 0.1$$

で一対比較行列の整合性のずれの度合いを評価する。ここで，n は項目数で，$\lambda_{\max}$ は一対比較行列の最大固有値である。また，0.1 は，開発者 Saaty が経験則より求めた数値である。

2) ウェイト・ベクトルを幾何平均で求めた場合には，

$$\text{C.I.} = \frac{\hat{\lambda}_{\max} - n}{n-1} \leqq 0.1 \quad \text{（または, 0.15）}$$

$$\hat{\lambda}_{\max} = \frac{1}{n}\sum_{i=1}^{n}\sum_{j=1}^{n} a_{ij}\frac{\hat{w}_j}{\hat{w}_i}$$

を用いる。ここで $\hat{\boldsymbol{w}} = (\hat{w}_1, \cdots, \hat{w}_n)^T$ は幾何平均を用いて求めたウェイト・

ベクトルである。統計的には，C. I.≦ 0.15 が良いという提案もある。

3） ウェイト・ベクトルを調和平均で求めた場合には，

$$\mathrm{C.\,I.\,H.} = \frac{\text{項目数}}{\text{各行の調和平均の和}} - 1 \leqq 0.07$$

で一対比較行列の整合度を評価する。

4） 幾何平均，調和平均以外の一般平均を用いてウェイト・ベクトルを求めた場合には，最小 2 乗問題の残差平方和を用いるのが正当であるが，2）または 3）の整合度を用いるのをすすめる。

AHP の現実の問題への適用例として，1996 年のペルー大使館事件や，首都機能移転問題などが有名である。読者が身近な問題に AHP を適用していただくことを期待している。現実の問題への適用を通して，さらに AHP への理解と興味が深まっていかれることを望みます。

付 録 1
固有値問題の証明

第 4 章で与えた，誤差行列 $B=\left(a_{ij}\frac{w_j}{w_i}\right)$ の従属ノルム下でのノルム最小化問題

問題〈M〉

$$\min_{w>0}\max_{x\neq 0}\frac{\|B\boldsymbol{x}\|_p}{\|\boldsymbol{x}\|_p}$$

に対して，次の定理が成立する。

定理（小沢 - 加藤（**2002**））

問題〈M〉の最適解は

$$(1)\cdots\cdots\ \hat{w}_i=h_i^{1-\frac{1}{p}}\left(\frac{1}{g_i}\right)^{1/p}\quad ,1\leqq p\leqq\infty$$

で与えられる。ここで，$\boldsymbol{h}=(h_1,\cdots,h_n)^T$ は一対比較行列 A の主固有ベクトルで，$\boldsymbol{g}=(g_1,\cdots,g_n)^T$ は A の左主固有ベクトルである。すなわち，

$$(2)\cdots\cdots A\boldsymbol{h}\ =\lambda_{\max}\boldsymbol{h}$$

$$(3)\cdots\cdots A^T\boldsymbol{g}=\lambda_{\max}\boldsymbol{g}$$

である。

［定理の証明］

$\boldsymbol{w} > \mathbf{0}$ に対して，対角行列 U

$$U = \mathrm{diag}(w_1, \cdots, w_n) = \begin{pmatrix} w_1 & 0 & 0 & \cdots & 0 \\ 0 & w_2 & 0 & \cdots & 0 \\ \vdots & \vdots & \ddots & \vdots & \vdots \\ \vdots & \vdots & \vdots & \ddots & \vdots \\ 0 & 0 & 0 & \cdots & w_n \end{pmatrix}$$

とおくと，誤差行列 B は

$$B = U^{-1}AU$$

であるので，

$$\begin{aligned} |B - \lambda I| &= |U^{-1}AU - \lambda U^{-1}U| \\ &= |U^{-1}||A - \lambda I||U| \\ &= |A - \lambda I| \end{aligned}$$

を得る。ここで，$|A|$ は A の行列式である。ゆえに，A と B の固有値は同じである。いま，B の主固有値ベクトルを $\boldsymbol{y}$ とする。すなわち，

$$B\boldsymbol{y} = \lambda_{\max}\boldsymbol{y}$$

である。すると，

$$\|B\|_p = \max_{\boldsymbol{x} \neq \mathbf{0}} \frac{\|B\boldsymbol{x}\|_p}{\|\boldsymbol{x}\|_p} \geqq \frac{\|B\boldsymbol{y}\|_p}{\|\boldsymbol{y}\|_p} = \frac{\|\lambda_{\max}\boldsymbol{y}\|_p}{\|\boldsymbol{y}\|_p} = \lambda_{\max}$$

を得る。すなわち，誤差行列 B の従属ノルムは最大固有値 $\lambda_{\max}$ より小さくなることはない。

一方，

$$\hat{w}_i = h_i^{1-\frac{1}{p}} g_i^{-\frac{1}{p}}$$

のとき，誤差行列 $\hat{B} = (\hat{b}_{ij})$ のノルムを評価しよう。すなわち，

$$\hat{b}_{ij} = a_{ij}\frac{\hat{w}_j}{\hat{w}_i} = a_{ij}\frac{h_j^{1-\frac{1}{p}} g_j^{-\frac{1}{p}}}{h_i^{1-\frac{1}{p}} g_i^{-\frac{1}{p}}}$$

のとき，$\hat{B} = (\hat{b}_{ij})$ の従属ノルムを評価する。

$$\|\hat{B}\|_p = \max_{\boldsymbol{x} \neq \boldsymbol{0}} \frac{\left(\sum_{i=1}^{n} \left| \sum_{j=1}^{n} \hat{b}_{ij} x_j \right|^p \right)^{1/p}}{\|x\|_p}$$

であり，

$$\left| \sum_{j=1}^{n} \hat{b}_{ij} x_j \right| \leqq \sum_{j=1}^{n} a_{ij} \frac{h_j^{1-\frac{1}{p}} g_j^{-\frac{1}{p}}}{h_i^{1-\frac{1}{p}} g_i^{-\frac{1}{p}}} |x_j|$$

$$= \frac{1}{h_i^{1-\frac{1}{p}} g_i^{-\frac{1}{p}}} \sum_{j=1}^{n} a_{ij}^{1-\frac{1}{p}} h_j^{1-\frac{1}{p}} \cdot a_{ij}^{\frac{1}{p}} g_j^{-\frac{1}{p}} |x_j|$$

上式にヘルダーの不等式を適用すると

$$\left| \sum_{j=1}^{n} \hat{b}_{ij} x_j \right| \leqq \frac{1}{h_i^{1-\frac{1}{p}} g_i^{-\frac{1}{p}}} \left(\sum_{j=1}^{n} a_{ij} h_j \right)^{1-1/p} \cdot \left(\sum_{j=1}^{n} \frac{a_{ij}}{g_j} |x_j|^p \right)^{1/p}$$

$$= \left(\sum_{j=1}^{n} \frac{a_{ij} h_j}{h_i} \right)^{1-1/p} \cdot \left(\sum_{j=1}^{n} \frac{a_{ij} g_i}{g_j} |x_j|^p \right)^{1/p}$$

を得る。ところで,（2）,（3）より

$$\sum_{j=1}^{n} a_{ij} h_j = \lambda_{\max} h_i \quad , i = 1, \cdots, n$$

$$\sum_{i=1}^{n} a_{ij} g_i = \lambda_{\max} g_j \quad , j = 1, \cdots, n$$

であるので，

$$\left|\sum_{j=1}^{n}\hat{b}_{ij}x_j\right| \leqq \lambda_{\max}^{1-\frac{1}{p}}\left(\sum_{j=1}^{n}\frac{a_{ij}g_i}{g_j}|x_j|^p\right)^{1/p}$$

を得る。ゆえに

$$\begin{aligned}
\|\hat{B}\|_p &\leqq \max_{\boldsymbol{x}\neq\boldsymbol{0}} \frac{\left(\lambda_{\max}^{p-1}\sum_{i=1}^{n}\sum_{j=1}^{n}\frac{a_{ij}g_i}{g_j}|x_j|^p\right)^{1/p}}{\|x\|_p} \\
&= \max_{\boldsymbol{x}\neq\boldsymbol{0}} \frac{\left(\lambda_{\max}^{p-1}\sum_{j=1}^{n}\left(\sum_{i=1}^{n}\frac{a_{ij}g_i}{g_j}\right)|x_j|^p\right)^{1/p}}{\|x\|_p} \\
&= \max_{\boldsymbol{x}\neq\boldsymbol{0}} \frac{\left(\lambda_{\max}^{p}\sum_{j=1}^{n}|x_j|^p\right)^{1/p}}{\|x\|_p} \\
&= \lambda_{\max}
\end{aligned}$$

を得る。以上から，問題〈M〉の最適解は

$$\hat{w}_i = h_i^{1-\frac{1}{p}} g_i^{-\frac{1}{p}} \quad ,1 \leqq p \leqq \infty$$

である。証明を終わる。

付 録2
AHPと数値計算ソフト

第2章では，一対比較行列から各項目のウェイトを最大値および最小値を用いて求めた。第5章では，各項目のウェイトを幾何平均および調和平均を用いて求めた。

これをExcelを用いて求める方法を示す。そのために第2章の最初の一対比較行列

	安全性	値　段	大きさ	デザイン
安全性	1	5	1/3	3
値　段	1/5	1	1/5	1/3
大きさ	3	5	1	7
デザイン	1/3	3	1/7	1

についてExcelで実行する。

Excelの関数のメニューは「fx」を選択すると出てくる。そして

最大値 ··· MAX

最小値 ··· MIN

幾何平均 ··· GEOMEAN

F8 f_x =GEOMEAN(B1:E1)

	A	B	C	D	E	F	G	H	I
1		1	5	1/3	3				
2		1/5	1	1/5	1/3				
3		3	5	1	7				
4		1/3	3	1/7	1				
5									
6									
7		最大値	ウェイト	最小値	ウェイト	幾何平均	ウェイト	調和平均	ウェイト
8						1.495			
9						0.340			
10						3.201			
11						0.615			
12	和					5.651			
13									

調和平均 $\cdots$ HARMEAN

であるので，幾何平均で求める場合には，GEOMEANを取り出し，一対比較行列の1行目を読み込めば1行目の幾何平均が求まる。

第4章では，AHPの固有値問題を扱い，一対比較行列の主固有ベクトルや左固有ベクトルの要素の逆数でウェイトを推定することを提案している。固有ベクトルはソフト「マセマティカ（Mathematica）」を用いて求める。「Mathematica」では，前述の一対比較行列

$$A = \begin{pmatrix} 1 & 5 & 1/3 & 3 \\ 1/5 & 1 & 1/5 & 1/3 \\ 3 & 5 & 1 & 7 \\ 1/3 & 3 & 1/7 & 1 \end{pmatrix}$$

を

$$a = \{\{1, 5, 1/3, 3\}, \{1/5, 1, 1/5, 1/3\}, \{3, 5, 1, 7\}, \{1/3, 3, 1/7, 1\}\}$$

でマセマティカ上に登録し，固有値はN[Eigenvalues[a]]で求まり，固有ベクトルはN[Eigenvectors[a]]で求まる。すなわち，

```
a = {{1, 5, 1/3, 3}, {1/5, 1, 1/5, 1/3}, {3, 5, 1, 7}, {1/3, 3, 1/7, 1}}
```

$\left\{\left\{1,\ 5,\ \frac{1}{3},\ 3\right\},\ \left\{\frac{1}{5},\ 1,\ \frac{1}{5},\ \frac{1}{3}\right\},\ \{3,\ 5,\ 1,\ 7\},\ \left\{\frac{1}{3},\ 3,\ \frac{1}{7},\ 1\right\}\right\}$

```
N[Eigenvalues[a]]
{4.23699, -0.0862999 + 0.99275 i, -0.0862999 - 0.99275 i, -0.0643876}
N[Eigenvectors[a]]

{{2.34453, 0.570111, 5.21601, 1.},
 {0.708616 - 1.17823 i, -0.242884 + 0.624713 i, -4.15698 - 3.42051 i, 1.},
 {0.708616 + 1.17823 i, -0.242884 - 0.624713 i, -4.15698 + 3.42051 i, 1.},
 {-2.74641, -0.135359, 1.80011, 1.}}
```

である。主固有ベクトル $\boldsymbol{h}$ は，最大固有値 $\lambda_{\max} = 4.23699$ に対応する固有ベクトルであるので，

$$\boldsymbol{h} = \begin{pmatrix} 2.34453 \\ 0.570111 \\ 5.21601 \\ 1.00000 \end{pmatrix}$$

である。これを Excel 上に移し，要素の和で割れば，主固有ベクトルで求めたウェイトが求まる。

左主固有ベクトル $\boldsymbol{g}$ は，転置した行列 A^T の主固有ベクトルである。A^T はマセマティカでは

b = Transpose[a]

で求まるので，A^T の固有値と固有ベクトルは

N[Eigenvalues[b]]
N[Eigenvectors[b]]

より求まる。すなわち，

```
b = Transpose[a]
{{1, 1/5, 3, 1/3}, {5, 1, 5, 3}, {1/3, 1/5, 1, 1/7}, {3, 1/3, 7, 1}}
N[Eigenvalues[b]]
{4.23699, -0.0862999 + 0.99275 i, -0.0862999 - 0.99275 i, -0.0643876}
N[Eigenvectors[b]]
{{0.403949, 1.86075, 0.200698, 1.},
 {0.247344 + 0.221793 i, -0.676144 - 2.37448 i, -0.228993 + 0.159838 i, 1.},
 {0.247344 - 0.221793 i, -0.676144 + 2.37448 i, -0.228993 - 0.159838 i, 1.},
 {-0.662957, -0.418205, 0.151984, 1.}}
```

である。左主固有ベクトル $\boldsymbol{g}$ は，A^T の最大固有値 $\lambda_{\max} = 4.23699$ に対応する固有ベクトルであるので，

$$\boldsymbol{g} = \begin{pmatrix} 0.403949 \\ 1.86075 \\ 0.200698 \\ 1.00000 \end{pmatrix}$$

であるので，これを Excel 上に移し，この要素の逆数でウェイトを求める。

L13

	A	B	C	D	E	F
1						
2		1	5	1/3	3	
3		1/5	1	1/5	1/3	
4		3	5	1	7	
5		1/3	3	1/7	1	
6						
7						
8		主固有ベクトル	ウェイト	左固有ベクトル	その逆数	ウェイト
9		2.345	0.257	0.404	2.475	0.275
10		0.570	0.062	1.861	0.537	0.060
11		5.216	0.571	0.201	4.975	0.554
12		1.000	0.110	1.000	1.000	0.111
13	和	9.131			8.988	

以上のように，一般平均を用いる場合には,「Excel」を用い，固有ベクトルでウェイトを推定する場合には,「Mathematica」を用いれば，AHPの計算は簡単にできる。

付 録3
調和平均と最小2乗問題

§ **5.3** で与えた最小 2 乗問題

問題〈H〉

$$\min \frac{1}{2n^2} \sum_i \sum_j \left(\sqrt{a_{ij}}\, w_j - \sqrt{a_{ji}}\, w_i \right)^2$$

$$\text{s.t.} \quad \frac{1}{n} \sum_{i=1}^{n} w_i = 1 \quad , \boldsymbol{w} > \boldsymbol{0}$$

の最適解は

$$(1) \cdots\cdots \hat{w}_i = \frac{H_i}{H} \quad , i = 1, 2, \ldots, n$$

$$H_i = \left(\frac{1}{n} \sum_{j=1}^{n} a_{ij}^{-1} \right)^{-1}$$

$$H = \frac{1}{n} \sum_{i=1}^{n} H_i$$

で与えられる。(1) をラグランジュの未定乗数法を用いて示そう。

ラグランジュ関数を

$$h(\boldsymbol{w}) = \frac{1}{2} \sum_{i=1}^{n} \sum_{j=1}^{n} \left(\sqrt{a_{ij}} w_j - \sqrt{a_{ji}} w_i \right)^2 + \mu \left(\frac{1}{n} \sum_{i=1}^{n} w_i - 1 \right)$$

とおくと（$\frac{1}{n^2}$ は省略した），問題〈H〉の最適解は $h(\boldsymbol{w})$ の勾配ベクトル（gradient vector）

$$\nabla h(\boldsymbol{w}) = \begin{pmatrix} \frac{\partial h}{\partial w_1} \\ \vdots \\ \frac{\partial h}{\partial w_n} \end{pmatrix}$$

を用いて

$$(2) \cdots\cdots \nabla h(\boldsymbol{w}) = \boldsymbol{0}$$

をみたしている。よって，(2) の k 番目の式は

$$\frac{\partial h(\boldsymbol{w})}{\partial w_k} = \sum_{i=1}^{n} \left(\sqrt{a_{ik}} w_k - \sqrt{a_{ki}} w_i \right) \sqrt{a_{ik}}$$

$$+ \sum_{j=1}^{n} \left(\sqrt{a_{kj}} w_j - \sqrt{a_{jk}} w_k \right) \left(- \sqrt{a_{jk}} \right)$$

$$+ \frac{\mu}{n} = 0$$

である。一対比較値の逆数性より，上式は

$$\frac{\partial h(\boldsymbol{w})}{\partial w_k} = 2 w_k \sum_{j=1}^{n} a_{kj}^{-1} - 2 \sum_{j=1}^{n} w_j + \frac{\mu}{n}$$

$$= 2 w_k \sum_{j=1}^{n} a_{kj}^{-1} - 2n + \frac{\mu}{n} = 0$$

となるので，

$$w_k \left(\frac{1}{n} \sum_{j=1}^{n} a_{kj}^{-1} \right) - 1 + \frac{\mu}{2n^2} = 0$$

である。ゆえに，$C = 1 - \frac{\mu}{2n^2}$ とおけば，$\frac{\partial h(\boldsymbol{w})}{\partial w_k} = 0$ より

$$(3) \cdots\cdots w_k = C\left(\frac{1}{n}\sum_{j=1}^{n} a_{kj}^{-1}\right)^{-1} = CH_k$$

を得る。また，制約条件より

$$n = \sum_{k=1}^{n} w_k = C\sum_{k=1}^{n} H_k$$

であるので

$$C = \frac{1}{\frac{1}{n}\sum_{k=1}^{n} H_k} = \frac{1}{H}$$

となる。よって，問題〈H〉の最適解は

$$\hat{w}_k = \frac{H_k}{H} \quad , k = 1, 2, \cdots, n$$

で与えられる。

付 録4
整合度 C. I. H.

§5.4で，一つ比較行列Aから各項目のウェイトを調和平均で求めたときには，Aの整合度を問題〈H〉の残差平方和で与えるのが自然であると主張した。すなわち，新しい整合度を

$$\text{C.I.H.} = h(\hat{\boldsymbol{w}}) = \frac{1}{2n^2}\sum_{i=1}^{n}\sum_{j=1}^{n}\left(\sqrt{a_{ij}}\,\hat{w}_j - \sqrt{a_{ji}}\,\hat{w}_i\right)^2$$

で提案した。ここで，

$$\hat{w}_i = \frac{H_i}{H} \quad ,i = 1, 2, \cdots, n$$

$$H_i = \left(\frac{1}{n}\sum_{j=1}^{n} a_{ij}^{-1}\right)^{-1}$$

$$H = \frac{1}{n}\sum_{i=1}^{n} H_i$$

である。

本節では，

$$\text{C.I.H.} = \frac{1}{H} - 1 = \frac{n}{\sum_{i=1}^{n} H_i} - 1$$

となることを示そう。問題〈H〉の残差平方和は

$$h(\hat{\boldsymbol{w}}) = \frac{1}{2n^2}\sum_{i=1}^{n}\sum_{j=1}^{n}\left(\sqrt{a_{ij}}\,\frac{H_j}{H} - \sqrt{a_{ji}}\,\frac{H_i}{H}\right)^2$$

$$= \frac{1}{2n^2H^2}\left(\sum_{i=1}^{n}\sum_{j=1}^{n} a_{ij}H_j^2 - 2\sum_{i=1}^{n}\sum_{j=1}^{n} H_iH_j + \sum_{i=1}^{n}\sum_{j=1}^{n} a_{ji}H_i^2\right)$$

$$= \frac{1}{2n^2H^2}\left(\sum_{j=1}^{n} H_j^2 \sum_{i=1}^{n} a_{ji}^{-1} - 2\left(\sum_{i=1}^{n} H_i\right)^2 + \sum_{i=1}^{n} H_i^2 \sum_{j=1}^{n} a_{ij}^{-1}\right)$$

であるので，H_i と H の定義より

$$h(\hat{\boldsymbol{w}}) = \frac{1}{2n^2H^2}\left(n\sum_{j=1}^{n} H_j - 2\left(\sum_{i=1}^{n} H_i\right)^2 + n\sum_{i=1}^{n} H_i\right)$$

$$= \frac{1}{n^2H^2}\left(n^2H - n^2H^2\right) = \frac{1}{H} - 1$$

を得る。ゆえに，整合度 C. I. H. は

$$\text{C. I. H.} = h(\hat{\boldsymbol{w}}) = \frac{1}{H} - 1$$

$$= \frac{n}{\sum_{i=1}^{n} H_i} - 1$$

$$= \frac{\text{項目数}}{\text{各行の調和平均の和}} - 1$$

で与えられる。

付 録 5
一般平均と最小 2 乗問題

§ **5.3** では，一般平均がウェイトの最小 2 乗推定量であることを示す最小 2 乗問題

問題〈$\mathbf{M_r}$〉

$$\min \frac{1}{2n^2r^2}\sum_{i=1}^{n}\sum_{j=1}^{n}((\sqrt{a_{ij}}\,w_j)^{-r}-(\sqrt{a_{ji}}\,w_i)^{-r})^2$$

$$\text{s.t.}\quad \left(\frac{1}{n}\sum_{i=1}^{n}w_i^{-r}\right)^{-1/r}=1 \quad ,\boldsymbol{w}>\mathbf{0}$$

を与えた。問題〈$\mathrm{M_r}$〉は，$r=-1$ のとき問題〈H〉であり，$r\to 0$ とすると Saaty - Vargas の問題〈G〉となる。

一対比較行列 A の i 行の一般平均を $A_{r\cdot i}$ とすると，

$$A_{r\cdot i}=\left(\frac{1}{n}\sum_{j=1}^{n}a_{ij}^{r}\right)^{1/r}$$

$$A_r=\left(\frac{1}{n}\sum_{i=1}^{n}A_{r\cdot i}^{-r}\right)^{-1/r}$$

である。よって，問題〈$\mathrm{M_r}$〉の最適解は

$$\hat{w}_i = \frac{A_{r\cdot i}}{A_r} \quad ,i = 1, 2, \cdots, n$$

で与えられる。これを，ラグランジュの未定乗数法により示そう。

ラグランジュ関数を

$$f(\boldsymbol{w}) = \frac{1}{2}\sum_{i=1}^{n}\sum_{j=1}^{n}\left((\sqrt{a_{ij}}\,w_j)^{-r} - (\sqrt{a_{ji}}\,w_i)^{-r}\right)^2 + \mu\left(\sum_{i=1}^{n} w_i^{-r} - n\right)$$

とおく（$\frac{1}{n^2r^2}$ は省略）。問題〈$\mathrm{M_r}$〉の最適解は

$$\nabla f(\boldsymbol{w}) = \begin{pmatrix} \frac{\partial f}{\partial w_1} \\ \vdots \\ \frac{\partial f}{\partial w_n} \end{pmatrix} = \boldsymbol{0}$$

をみたしているので，上式の k 番目の式は

$$\begin{aligned}
\frac{\partial f(\boldsymbol{w})}{\partial w_k} &= \sum_{i=1}^{n}\left(a_{ik}^{-r/2}w_k^{-r} - a_{ki}^{-r/2}w_i^{-r}\right)\left(-r\,a_{ik}^{-r/2}w_k^{-r-1}\right) \\
&\quad + \sum_{j=1}^{n}\left(a_{kj}^{-r/2}w_j^{-r} - a_{jk}^{-r/2}w_k^{-r}\right)\left(r\,a_{jk}^{-r/2}w_k^{-r-1}\right) - \mu\,r\,w_k^{-r-1} \\
&= \frac{r}{w_k^{r+1}}\left(-\sum_{i=1}^{n}a_{ik}^{-r}w_k^{-r} + \sum_{i=1}^{n}w_i^{-r} + \sum_{j=1}^{n}w_j^{-r} - \sum_{j=1}^{n}a_{jk}^{-r}w_k^{-r} - \mu\right) \\
&= \frac{2r}{w_k^{r+1}}\left(\sum_{i=1}^{n}w_i^{-r} - w_k^{-r}\sum_{j=1}^{n}a_{kj}^{r} - \frac{\mu}{2}\right) = 0
\end{aligned}$$

である。ゆえに上式と制約条件より

$$w_k^{-r}\left(\frac{1}{n}\sum_{j=1}^{n}a_{kj}^{r}\right) = 1 - \frac{\mu}{2n}$$

となるので，

$$w_k^{-1} A_{r \cdot k} = \left(1 - \frac{\mu}{2n}\right)^{1/r}$$

を得る。ここで，上式の右辺を $\frac{1}{C}$ とおけば，$\frac{\partial f(\boldsymbol{w})}{\partial w_k} = 0$ より

$$w_k = C\, A_{r \cdot k}$$

を得る。また制約条件より

$$n = \sum_{k=1}^{n} w_k^{-r} = C^{-r} \sum_{k=1}^{n} A_{r \cdot k}^{-r}$$

であるので，

$$C = \frac{1}{\left(\frac{1}{n} \sum_{k=1}^{n} A_{r \cdot k}^{-r}\right)^{-1/r}} = \frac{1}{A_r}$$

となる。ゆえに問題〈$\mathrm{M_r}$〉の最適解は

$$\hat{w}_k = \frac{A_{r \cdot k}}{A_r} \quad , k = 1, 2, \cdots, n$$

である。

注意：問題〈$\mathrm{M_r}$〉の残差平方和も一対比較行列の整合度を与える。新しい整合度を $\mathrm{C.I.M_r}$ と表現すると，付録4の計算と同様にして

$$\mathrm{C.I.M_r} = A_r^r - 1$$

を得る。上式において，$r = -1$ とおくと

$$\mathrm{C.I.H.} = \frac{1}{H} - 1$$

と同値である。

参考文献

Saaty, T. L. - Vargas, C. G., Comparison of eigen value, logarithmic least squares and least squares methods in estimating ratios, Mathematical Modelling, Vol. 5, 1984, pp. 309-324.

Harker, P. T., Incomplete pairwise comparisons in the Analytic Hierarchy Process, Mathematical Modelling, Vol. 9, No. 4, 1989, pp. 169-172.

Sekitani, K. - Yamaki, Y., A logical interpretation for eigenvalue method in AHP, Journal of the Operations Research Society of Japan, Vol. 42, 1999, pp. 219-232.

Kato, Y. - Ozawa, M., The characteristics of the consistency function of the general mean method, Proceedings of ISAHP '99, 1999, pp. 77-82.

Sekitani, K. - Takahashi, I., A unified model and analysis for AHP and ANP, Journal of the Operations Research Society of Japan, Vol. 44, 2001, pp. 67-89.

小沢正典 - 加藤豊，行列ノルムによる一対比較行列からのウェイト推定，日本OR学会春季研究会アブストラクト集，2002年３月，pp. 52-53.

Genma, K. - Kato, Y. - Sekitani, K., Matrix Balancing Problem and Binary AHP, Journal of the Operations Research Society of Japan, Vol. 50, No. 4, 2007, pp. 515-539.

Saaty, T. L., The Analytic Hierarchy Process, RWS Publications, Pittsburgh, 1996.

Saaty, T. L., The Analytic Network Process, RWS Publications, Pittsburgh, 1996.

高橋磐郎，AHPからANPへの諸問題Ⅰ～Ⅵ，オペレーションズ・リサーチ，Vol. 43, No. 1-6，1998.

加藤豊，意思決定法における評価方法，オペレーションズ・リサーチ，Vol. 48, No. 4, 2003, pp. 3-8.

刀根薫，ゲーム感覚意思決定法—— AHP入門——，日科技連出版社，1986.

木下栄蔵，孫子の兵法の数学モデル，講談社，1998.

木下栄蔵，入門AHP，日科技連出版社，2000.

刀根薫 - 眞鍋龍太郎編，AHP事例集，日科技連出版社，1990.

木下栄蔵編，AHPの理論と実際，日科技連出版社，2000.

加藤豊 - 小沢正典，ORの基礎—— AHPから最適化まで——，実教出版株式会社，1998.

索　　引

タ　行

ナ・ハ行

マ　行

ヤ・ラ行

〈著者紹介〉
加藤　豊（かとう・ゆたか）
1947年　生まれ
1975年　慶應義塾大学大学院工学研究科博士課程修了（管理工学専攻）
現　在　法政大学理工学部教授，工学博士

著　書
OR入門——意思決定の基礎——，1984，実教出版（共著）
例解OR——意思決定へのアプローチ——，1988，実教出版（共著）
ORの基礎——AHPから最適化まで——，1998，実教出版（共著）

例解AHP（階層化意思決定法）
——基礎と応用——

2013年9月20日　初版第1刷発行　〈検印省略〉

定価はカバーに
表示しています

著　者　加　藤　豊
発行者　杉　田　啓　三
印刷者　中　村　知　史

発行所　株式会社　ミネルヴァ書房
607-8494 京都市山科区日ノ岡堤谷町1
電話代表　(075)581-5191
振替口座　01020-0-8076

中村印刷・藤沢製本

ISBN978-4-623-06542-4

Printed in Japan